KB268301

우리 땅에서
가장 소중한 나무와 숲

우리 땅에서
가장 소중한 나무와 숲

초판 1쇄 펴낸날 2026년 2월 2일

지은이 강철기

펴낸이 박명권

펴낸곳 도서출판 한숲 | **신고일** 2013년 11월 5일 | **신고번호** 제2014-000232호

주소 서울특별시 서초구 방배로 143, 2층

전화 02-521-4626 | **팩스** 02-521-4627 | **전자우편** landscape@lak.co.kr

편집 신동훈 | **출력·인쇄** 한결그래픽스

ISBN 979-11-87511-49-6 93480

값 28,000원

※ 파본은 교환하여 드립니다.

우리 땅에서 가장 소중한 나무와 숲

강철기 지음

한숲

『우리 땅에서 가장 소중한 나무와 숲 – 천연기념물 식물유산 100선』은 우리나라의 '국가유산(國家遺産)'에 관한 이야기다. 국가유산은 오랜 시간을 이어온 우리 문화와 자연에 뿌리를 둔, 정체성과 독창성 그리고 아름다움이 깃든 우리의 소중한 자산이다.

이러한 국가유산은 '문화유산(文化遺産)', '자연유산(自然遺産)', '무형유산(無形遺産)'으로 구분된다. 문화유산은 '문화유산의 보존 및 활용에 관한 법률'에, 자연유산은 '자연유산의 보존 및 활용에 관한 법률'에, 무형유산은 '무형유산의 보전 및 진흥에 관한 법률'에 기반을 두고 있다.

국가유산인 자연유산은 '천연기념물(天然記念物)'과 '명승(名勝)'으로 나뉜다.

자연유산의 보존 및 활용에 관한 법률에 "천연기념물은 자연유산 중에서 동물, 식물, 지형·지질·생물학적 생성물 또는 자연현상, 천연보호구역으로서 역사적·경관적·학술적 가치가 인정되어 국가유산청장이 지정하고 고시한 것"으로 규정하고 있다.

이 책은 우리의 소중한 자연유산에 해당하는 천연기념물 중에서 '식물유산(植物遺産)'에 대한 이해와 관심을 높이기 위해 쓴 책이다.

2025년 8월 기준으로 482곳이 천연기념물로 지정되어 있는데, 이 중에서 약 57%에 해당하는 276곳이 식물유산이다.

최근 기후위기에 따른 자연재해와 도시화에 따른 개발사업 등으로, 천연기념물로 지정된 나무와 숲의 외부환경이 심각할 정도로 나빠지면서, 영원히 누려야 할 자연유산의 지속가능한 보존에 대한 관심은 한층 높아지고 있다.

한편 무조건 보존이라는 일방적인 규제와 제한에서 벗어나, 자연유산에 대한 정확한 정보를 제공하고 이를 적절히 활용하면, 자연유산의 소중한 가치를 높이고 일상에서 손쉽게 접하는 새로운 패러다임의 사회를 만들 수 있다.

악화된 외부환경에 처한 식물유산에 대한 정보를 구축해 예방체계를 미리 마련하면, 기후위기에 선제적으로 대응해 자연재해나 각종 개발사업의 피해를 최소화할 수 있다.

천연기념물 '안동 사신리 느티나무'

천연기념물 '청와대 노거수 군'의 반송(盤松)

따라서 천연기념물로 지정된 나무나 숲의 보존과 활용의 조화로운 공존이 가능하고,
체계적이고 효율적인 천연기념물 관리가 가능할 것으로 생각한다.

천연기념물로 지정된 식물유산 276곳 가운데 소나무속(屬) 나무가 40곳으로 제일 많다. 소나무 17곳, 반송 8곳, 처진소나무 4곳, 곰솔 6곳, 백송 5곳이 천연기념물로 지정되어 있다. 다음으로는 은행나무 25곳, 느티나무 20곳(혼효림 2곳 포함), 향나무 13곳(곱향나무 1곳, 뚝향나무 1곳 포함), 이팝나무 8곳, 비자나무 8곳, 팽나무 8곳(혼효림 3곳 포함), 동백나무 7곳, 후박나무 6곳(왕후박나무 1곳 포함)의 순서가 된다.

이런 276곳 중에서 천연기념물 지정 현황, 대표성 등을 고려해 100곳을 선정했다. 그리고 선정된 식물유산이 갖는 '역사적(歷史的)', '경관적(景觀的)', '학술적(學術的)' 가치를 중심으로, 아래의 원칙에 따라 원고를 작성했다.

첫째, 식물유산의 현황을 비롯한 자연과학적 내용은 객관적 근거에 따라 서술했다.

둘째, 식물 이름은 국립수목원의 국가수목유전자원목록심의회에서 정한 '국가표준식물명(國家標準植物名)'을 사용했다.

셋째, 식물유산의 크기와 나이(樹齡)는 국가유산청 홈페이지의 국가유산검색과 기존 문헌에 나오는 여러 내용을 종합해 추정했다. 따라서 경우에 따라, 사실과 다른 차이가 있을 수 있다.

넷째, 식물유산이 갖는 의미와 문화의 관점을 중요하게 생각했다. 과학으로는 전혀 믿을 수 없고 근거가 희박하지만, 나무와 숲에 연관된 전설을 비롯해 인문학적 내용이 많이 포함되도록 했다.

다섯째, 가급적 촬영 시기와 위치가 다른 사진을 수록함으로써, 시간의 경과에 따른 식물유산의 변화와 다양한 정보를 담고자 했다.

끝으로 소중한 자료를 제공한 국가유산청 자연유산국 동식물유산과와, 어려운 여건에서도 출간을 허락한 도서출판 한숲 관계자 여러분께 감사의 마음을 전한다.

소나무

은행나무

동백나무

소
나
무

소나무는 우리나라 사람들이 가장 좋아하는 나무다.

소나무라는 용어는 '소나무속(Pinus)'에 속하는 여러 나무를 통칭하기도 하고, 국가표준식물명(國家標準植物名) '소나무(*Pinus densiflora*)'를 지칭하기도 한다. 소나무를 나타내는 한글 '솔'은 우두머리의 '으뜸 나무'라는 뜻이다. 한자 '松(송)'은 '木(목)'과 '公(공)'이 합쳐진 것으로 '품격 높은 나무'라는 뜻이다.

아주 오래전부터 소나무는 우리 민족의 생활에 없어서는 안 될 나무였다. 집을 짓거나, 밥을 하거나, 불을 때거나, 배를 만들거나, 생활에 필요한 도구를 만들거나, 술을 담그거나, 송편을 빚거나, 금줄을 치거나, 관을 짜거나, 태어날 때부터 죽을 때까지 안 쓰는 데가 없는 나무였다.

목재로 쓸 때는 곧게 뻗은 아름드리 소나무를 최고로 치지만, 자연 속에 있을 때는 적당하게 굴곡이 있는 소나무가 보기에 좋다. 직선보다는 곡선, 시각적으로 그 넉넉한 선의 아름다움이 운치를 더하는 것이다.

우리 남한 숲의 대략 1/2은 침엽수(針葉樹), 1/2은 활엽수(闊葉樹)라고 한다. 그 침엽수의 1/2 정도가 소나무다. 전체의 약 25%가 소나무로, 대략 16억 그루 정도가 된다고 한다. 이 중에서 94%가 자연발생적으로 자란 것이고, 사람이 심은 소나무는 6%에 불과하다. 북한 숲은 전체의 약 18%가 소나무라고 하니, 남북을 통틀어 한반도에서 가장 많은 나무는 소나무가 된다. 주변에서 흔하게 보는 나무지만, 으뜸에 해당하는 품격 높은 '상록침엽교목(常綠針葉喬木, 늘푸른바늘잎큰키나무)'이다.

소나무는 한 나무에 암꽃과 수꽃이 모두 있는 '자웅동주(雌雄同株, 암수한그루)'다. 같은 나무의 암꽃과 수꽃은 동시에 피지 않는다. 5월이 오면 암꽃보다 약 10일 먼저 피는 수꽃은, 송홧가루를 바람에 날려 다른 나무 암꽃에 수정하고, 같은 나무 암꽃이 피기 전에 시들어 버린다. 자기끼리의 근친교배를 피하는 교묘한 자연의 섭리다. 다른 소나무의 수꽃 송홧가루를 받은 암꽃은 이듬해 9월에 솔방울을 맺는다.

소나무과(Pinaceaea) 소나무속(Pinus)은 재질이 단단한 '소나무류(Hard Pine)'와 무른 '잣나무류(Soft Pine)'로 구분된다.

소나무류(類)에는 '소나무', '곰솔', '리기다소나무' 등이 있고, 잣나무류에는 '잣나무', '섬잣나무', '스트로브잣나무', '백송(白松)' 등이 있다. '반송(盤松)', '금강(金剛)소나무', '처진소나무'는 소나무의 품종(品種)이다.

현재 소나무 17곳, 반송 8곳, 처진소나무 4곳, 곰솔 6곳, 백송 5곳이 천연기념물로 지정되어 있다. 이런 소나무속(屬) 나무가 40곳으로, 천연기념물로 지정된 식물 276곳 가운데 가장 큰 비중을 차지하고 있다.

우리나라를 대표하는 '소나무(Pinus densiflora)'는 '솔', 육지에 자라 '육송(陸松)', 수피가 붉어 '적송(赤松)', 여성적 느낌이라 '여송(女松)'의 이름을 갖고 있다. 보은 속리 정이품송(正二品松), 지리산 천년송(千年松)을 비롯해 17곳이 천연기념물이다.

줄기가 밑동에서 여러 개로 갈라지는 '반송(Pinus densiflora f. multicaulis)'은 예천 천향리 석송령(石松靈), 함양 목현리 구송(九松)을 비롯해 8곳이 천연기념물이다.

가지가 아래로 축 늘어지는 '처진소나무(Pinus densiflora f. pendula)'는 청도 운문사 처진소나무, 포천 직두리 부부송(夫婦松)을 비롯해 4곳이 천연기념물이다.

바닷가에 자라는 '곰솔(Pinus thunbergii)'은 바닷가에 자라 '해송(海松)', 수피가 검어 '흑송(黑松)', 남성적 느낌이라 '남송(男松)'의 이름을 갖고 있다. 곰솔은 소나무보다 잎이 억세고, 소나무의 겨울눈은 적색인데 곰솔은 회백색이다. '곰솔'이라는 이름은 '솔'보다 억세 '곰'을 붙여 곰솔이 되었다고도 하고, 수피가 검어 '검은 솔'이 '검솔'로 다시 곰솔로 되었다고도 한다. 해남 성내리 수성송(守城松), 제주 수산리 곰솔, 전주 삼천동 곰솔을 비롯해 6곳이 천연기념물이다.

잣나무류에 속하는 '백송(Pinus bungeana)'은 하얀 수피(樹皮)가 특징인 나무다. 서울 재동 백송, 고양 송포 백송을 비롯해 5곳이 천연기념물이다.

보은 속리 정이품송(正二品松)

Songni Jeongipumsong Pine Tree, Boeun

수종 소나무(*Pinus densiflora*)　　**소재지** 충북 보은군 속리산면 상판리 17-3

크기 나무높이 17.0m, 가슴높이 둘레 4.9m　　**지정일** 1962. 12. 07.

속리산(俗離山) 법주사(法住寺)로 가는 길 한가운데 서 있는 '정이품송(正二品松)'은 지금의 장관급에 해당하는 정2품(正二品) 벼슬의 소나무(松)다.

　세조가 재위 10년(1464) 2월에 말티재를 넘어 속리산으로 가던 중, 길목에 있는 소나무에 타고 있던 가마가 걸릴 것 같아 "가마 걸린다!"라고 하자, 신기하게도 처진 가지를 위로 들어 그대로 지날 수 있었다고 한다. 돌아가는 길에는 갑자기 비가 내렸는데, 이 나무 아래에서 비를 피할 수 있었다. 세조는 "올 때는 나를 무사히 지나게 하더니, 갈 때는 비를 막아주니 참으로 기특하다"라고 하면서 정2품 품계(品階)를 하사했다. 그러나 이 이

1970년대

2009. 10. 26.

2009. 10. 26.

2011. 02. 10.

야기는 입으로 전해 오는 한갓 설화에 지나지 않는다.

‘속리산 정이품소나무’라고도 하는 정이품송에 대한 구체적인 기록은 없다.『조선왕조실록』세조 10년 2월 27일에 이런 내용이 있다.

車駕經報恩縣東平(거가경보은현동평) 수레와 가마가 보은현 동평을 지나
夕次于屛風松(석차우병풍송) 저녁에 병풍송에 머물렀다

‘병풍송(屛風松)’이 나오는데, 같은 시기에 언급된 병풍송은 지금의 정이품송과 다른 나무로 보인다.

세조의 정이품송은 과학적으로 전혀 믿을 수 없는 설화에 지나지 않지만, 정이품급 수형(樹形)의 잘생긴 소나무이기 때문에 이런 이야기가 있는 것이다. 우리나라에서 가장 잘생긴 소나무로, 한때 유행했던 말로 하면 ‘대한민국 국가대표 얼짱 소나무’다.

세조와 연관된 이야기를 근거로 나이는 600살 이상으로 추정하고 있는데, 오랜 세월을 거치면서 병충해를 비롯한 여러 재해를 겪었다. 1981년에는 ‘솔잎혹파리(*Thecodiplosis japonensis*)’의 극심한 피해를 입었다. 솔잎혹파리가 주로 활동하는 5월부터 7월까지는 방제를 위해 방충망을 설치하고, 이외의 기간에는 방충망을 제거하는 작업이 1982년부터 수세(樹勢)를 회복한 1991년까지 반복적으로 이루어졌다.

삿갓을 펼친 듯 사방으로 정연한 가지를 드리운 아름다운 원추형 수형은 여러 차례 강풍과 폭설의 피해를 입었다. 김영삼 전 대통령(1929~2015) 취임식이 열렸던 1993년 2월 25일 새벽에는 강한 돌풍으로 서쪽 큰 가지(지름 약 25cm)가 부러졌다. 경사스러운 날의 불길한 소식은 한동안 자연스럽

게 비밀에 부쳐졌다.

2004년 3월의 폭설로 또다시 서쪽 가지(지름 약 10㎝) 4개가 부러져, 서쪽이 매우 빈약하고 어그러져 시각적 균형을 잃고 말았다.

산림청은 우리나라를 대표하는 소나무의 혈통을 보존하기 위해, 정이품송의 배필로 신부 소나무를 찾았다. 10여 년의 연구와 엄격한 심사를 거쳐, 우리나라에서 가장 형질이 우수하고 아름다운 소나무를 '삼척 준경묘역(濬慶墓域)' 소나무 숲에서 찾았다.

나무높이 32.0m, 가슴높이 둘레 2.1m의 곧게 쭉 뻗은 소나무가 당시 95살의 나이로, 600살이 넘은 정이품송의 신부 소나무로 정해졌다. 사람으로 치면, 영조(1694~1776)가 66세의 나이로 15세의 정순왕후(1745~1805)를 왕비로 맞은 것이다.

새로운 천 년 밀레니엄(millennium) 해를 맞아 2001년 5월 8일 어버이날에 준경묘역에서 신순우 산림청장이 주례, 김종철 보은군수가 신랑(삼산초

2021. 08. 11.

정이품송 진단

삼척 준경묘역

정이품송의 배필, 삼척 준경묘역 '신부 소나무'

등학교 6학년 이상훈) 혼주, 김일동 삼척시장이 신부(삼척초등학교 6학년 노신영) 혼주를 맡아 세계 최초로 '소나무 전통 혼례식'을 거행했다. 이 혼례를 계기로 삼척시와 보은군은 사돈의 인연을 맺어, 자매도시가 아닌 사돈도시로 교류하고 있다.

정이품송이 아비나무, 준경묘역 소나무가 어미나무인 부계(父系)에 의한 혈통 계승으로, 2001년 4월과 5월에 꽃가루를 받아 혼례식을 올려 교배해 수정하고, 이듬해 2002년 10월에 솔방울을 채취해 2003년 3월에 파종한 소나무를 '정이품송(正二品松) 장자목(長子木)'이라 한다.

정이품송 장자목은 국회를 비롯해 정부대전청사, 독립기념관, 서울 남산, 올림픽공원, 국립산림과학원 등 여러 곳에서 우리나라 대표 소나무의 혈통을 잇고 있다.

정부대전청사 장자목

국회 장자목

올림픽공원 장자목

보은 서원리 소나무

Pine Tree of Seowon-ri, Boeun

수종 소나무(*Pinus densiflora*)

크기 나무높이 17.0m, 가슴높이 둘레 각각 2.8m, 3.8m

소재지 충북 보은군 장안면 서원리 49-4

지정일 1988. 04. 30.

서원리 소나무는 나지막한 능선을 사이에 두고 '보은 속리 정이품송(正二品松)'과 직선으로 4.5km, 도로를 따라 7.1km 떨어져 있다.

외줄기로 곧게 자란 정이품송의 위풍당당한 수형이 남성적이라면, 줄기가 2갈래의 V자 모양으로 갈라진 서원리 소나무의 아름다운 수형은 여성적이다. 서원리 사람들은 정이품송 가까이 있는 이 나무를 정이품송의 조강지처(糟糠之妻)로 생각해, 정숙한(貞) 부인(婦人) 소나무(松)라는 '정부인송(貞婦人松)'으로 부르고 있다.

나이는 남편 정이품송 나이를 참고로 600살 이상으로 추정하고 있고,

2021. 08. 11.

2갈래로 갈라졌다

2011. 02. 10.

2021. 08. 11.

지면에서 바로 줄기가 갈라지지 않아 반송(*Pinus densiflora* f. *multicaulis*)이 아니고 소나무(*Pinus densiflora*)로 동정(同定)하고 있다.

새 천 년을 맞은 2001년 어버이날에 마을 사람들은 뜻밖의 소식을 들었다. 정이품송이 조강지처 정부인송 몰래 저 멀리 삼척에 있는 아주 젊은 여자에게 장가를 갔다는 것이다. 마을 사람들은 깜짝 놀랐지만, 정이품송 가까이 있어 당연히 부인으로 생각하기만 했지, 정식으로 혼례를 치른 사이는 아니라는 걸 깨달았다. 뒤늦게라도 혼례식을 성대하게 치르는 것이 정부인송의 지위를 되찾는 것으로 생각했다.

'삼척 준경묘역(濬慶墓域)'에서 거행되었던 세계 최초의 소나무 전통 혼례식 꼭 1년 뒤인 2002년 5월 8일에, 「800년 만의 천생연분 만남」 플래카드를 걸고 정이품송과 정부인송의 아주 뒤늦은 혼례식이 열렸다. 이런 행사에는 오래된 만남일수록 의미가 더 크다고 생각한 모양이다. 「800년 만의 천생연분 만남」이라 한 것은 나무 나이를 과장해 800살로 한 것이다.

소나무는 한 나무에 암꽃과 수꽃이 모두 있는 '자웅동주(雌雄同株, 암수한그루)'다. 암수한그루 소나무의 부계(父系) 혈통 증식은 아비나무 정이품송의 수꽃가루를 받아 어미나무 정부인송의 암꽃에 묻히고 봉지를 씌워 솔방울을 맺게 하는 방식이다.

그런데 신랑 신부 모두 결혼 적령기를 훨씬 지난 나이에 혼례를 치렀으니 2세 출산이 원만했을까? 이런 경우 대개 아비나무보다는 어미나무에 문제가 생긴다. 정이품송 후계목 생산에는 600살이 넘은 정부인송보다는 한창때인 삼척 준경묘역 신부 소나무가 훨씬 유리하다. 우리나라를 대표하는 소나무 정이품송의 적자(嫡子) '장자목(長子木)'은 삼척 준경묘역 신부 소나무를 어미로 둔 소나무다.

비록 장자목을 생산하지 못했지만, 마을 사람들은 아직도 이 나무를 정이품송의 조강지처 정부인송으로 굳게 믿고 있다. 그리고 마을을 지키는 동신목(洞神木), 당산목(堂山木), 서낭목(城隍木)으로 생각해, 해마다 정월 초이틀에 주민의 건강과 마을의 안녕을 바라는 제례(祭禮)를 지내고 있다.

서원리 소나무는 오래된 소나무로서의 생물학적 가치와 함께, 나무에 대한 오랜 생각과 굳건한 믿음으로 후계목을 생산하는 민속행사를 개최한 역사적, 문화적 가치가 매우 큰 나무다.

수정 후 봉지 씌우기

2002년 5월 8일에 거행된 「800년 만의 천생연분 만남」 혼례식

영월 청령포 관음송(觀音松)

Gwaneumsong Pine Tree in Cheongnyeongpo, Yeongwol

수종 소나무(*Pinus densiflora*)
크기 나무높이 30.0m, 가슴높이 둘레 5.5m
소재지 강원 영월군 남면 광천리 산67-1
지정일 1988. 04. 30.

청령포(淸泠浦)는 세조에 왕위를 뺏긴 단종(재위 1452~1455)이 노산군(魯山君)으로 강등되어 유배된 곳이다. 서쪽은 험준한 암벽이 솟고 3면이 강으로 둘러싸인 청령포는 '명승(名勝)'으로 지정되어 있다.

단종은 이곳의 2갈래로 갈라진 소나무 줄기에 걸터앉아 비통한 시간을 보냈다. 이 소나무(松)를 단종의 비참한 모습을 봤다고 '볼 관(觀)', 애달픈 소리를 들었다고 '소리 음(音)'을 따 '관음송(觀音松)'이라 한다.

영조 2년(1726)에 단종의 유배지를 보호하고 일반인의 출입을 금하는 '금표비(禁標碑)'를 세웠다. 비석에는 이런 내용이 있다.

동서 300척, 남북 490척과 이후 진흙이 쌓이는 곳도 출입을 금한다

천연기념물로 지정된 소나무 중에서 가장 키가 큰 나무다. 영월 동강대교(東江大橋) 주탑(柱塔)은 관음송의 갈라진 줄기를 형상화한 것이다.

강으로 고립된 청령포

영조가 세운 금표비

관음송의 갈라진 줄기를 나타낸 동강대교 주탑

소나무 숲으로 둘러싸인 단종 처소

지리산 천년송(千年松)

Cheonnyeonsong Pine Tree in Jirisan Mountain

수종 소나무(*Pinus densiflora*)

크기 나무높이 20.4m, 수관폭 18.0m, 가슴높이 둘레 4.6m

소재지 전북 남원시 산내면 부운리 산111

지정일 2000. 10. 13.

지리산 천년송은 지혜로운(智) 사람으로 바뀐다(異)는 '지리산(智異山)' 자락의 구름(雲)도 누워(臥) 간다는 '와운(臥雲)마을' 산 중턱에 있다.

'천년송(千年松)'이라 하지만, 실제 나이는 500살 정도로 추정하고 있다. 구름 머무는 곳에서 지리산의 신비한 기운으로 우뚝 솟은 나무이기에, 나이를 훨씬 과장해 천년송 이름을 붙인 것이다.

아기를 점지한다는 영험한 '지리산 삼신(三神)할매'로 여긴 '할매나무'다. 약 30m 거리를 두고 '할배나무'가 이웃해 있는데, 생각과 달리 할배나무의 크기는 할매나무 천년송에 한참 미치지 못한다.

할매나무가 점지한 와운마을 아이는 지리산의 정기를 받고 천년송의 솔바람과 향긋한 솔향기를 쐬며 자란다. 어른에게는 마을의 심장이자 삶의 뿌리가 되는 나무다.

마을 사람들은 해마다 정월 초사흘에 나무에 깊은 감사를 드리며 마을의 안녕을 기원하는 산신제(山神祭)를 지내고 있다.

2014. 09. 16.

할배나무

영험한 지리산 할매나무, 천년송

거창 당산리 당송(棠松)

Dangsong Pine Tree in Dangsan-ri, Geochang

수종 소나무(*Pinus densiflora*)　　**소재지** 경남 거창군 위천면 당산리 331

크기 나무높이 13.0m, 가슴높이 둘레 4.1m　　**지정일** 1999. 04. 06.

'당송(棠松)'은 당산(棠)마을의 소나무(松)에서 유래한 이름이다. 마을을 지키는 영험(靈)한 소나무(松) '영송(靈松)'이라고도 한다.

이 나무는 나라에 큰일이 있으면 '웅-우웅-웅' 소리를 낸다고 한다. 경술국치, 8·15 광복, 6·25 한국전쟁 때에는 오랫동안 소리를 내어 울었다고 한다. 실제 나무가 울 수는 없다. 바람이나 기압 차에 의해 줄기의 썩은 공동(空洞)에 울리는 진동이나 가지가 떨면서 생기는 소리를 나무가 우는 것으로 느낀 것이다.

우는 소리로 큰일을 미리 알리는 나무는 대부분 은행나무다. 양평 용문사 은행나무와 강화 전등사 은행나무가 대표적으로 '우는 은행나무'다. 한갓 전해 오는 이야기에 지나지 않지만, 이 나무처럼 '우는 소나무'는 사례를 찾기 어렵다. 수종(樹種)에 따라 공동의 상태, 가지 배열과 밀도, 수피나 잎 모양이 서로 달라, 은행나무가 소나무보다 외부에 민감하게 반응해 많이 우는 것으로 느끼는 것이다.

나이는 600살 정도로 추정하는데, 비스듬하게 기울어진 우산 모양의 수형(樹形)에 거북이 등처럼 깊게 갈라진 수피(樹皮)가 특징이다.

당산마을은 주변을 금원산(金猿山)이 병풍처럼 둘러싸고 중앙에는 영험한 당송이 자리잡아, 풍수지리의 길지(吉地)에 해당하는 곳이다. 밑동에는 누군가 나무를 자르려다 미수에 그친 도끼 자국이 선명하게 남아 있다. 일제 강점기에 일본 순사(巡使)가 마을의 정기를 억누르기 위해 나무를 자르려고 했다면, 아주 그럴듯한 이야기가 된다.

예전에 산신제(山神祭)를 지냈던 마을 사람들은 지금은 해마다 정월 대보름에, 이 나무 앞에서 친목을 도모하고 마을의 안녕을 기원하는 영송제(靈松祭)를 지내고 있다.

2022. 02. 15.

밑동의 도끼 자국

합천 화양리 소나무

Pine Tree of Hwayang-ri, Hapcheon

수종 소나무(*Pinus densiflora*)　　　　**소재지** 경남 합천군 묘산면 화양리 835

크기 나무높이 17.7m, 가슴높이 둘레 6.2m　　**지정일** 1982. 11. 09.

해발 약 500m의 나곡마을 논 가운데에 위치한 화양리 소나무는 나무껍질이 거북이(龜) 등처럼 갈라졌고 줄기와 가지는 용(龍)처럼 생겼다. '구룡목(龜龍木)' 이름의 신령스러운 소나무로, 사람들은 마을을 지켜 주는 당산나무로 섬기며 오랫동안 보호해 왔다.

광해군 5년(1613)의 '계축사화(癸丑士禍)'와 연관된 나무로 알려져 있다. 연안김씨 후손들이 전하는 이야기에 의하면, 연흥부원군 김제남(金悌男)이 외손자이자 선조의 적장자(嫡長子)인 영창대군(永昌大君, 1606~1614)을 왕으로 추대하려 했다는 모함으로 역적으로 몰려 3족(族)이 멸하고 말았다. 김제남의 6촌이 화(禍)를 피해 심심산골 이곳으로 도망을 와, 이 나무 근처에 초가를 짓고 살았다고 한다.

구룡목 이름에 걸맞게 웅장한 수형을 과시하는 나무다. 지상 1.5m 부근에서 줄기가 갈라지고 가지는 아래로 처져 대단한 아름다움을 자랑하고 있다. 계축사화와 연관해 나이는 약 500살로 추정하고 있다.

2022. 02. 15.

2011. 10. 07.

2016. 10. 13.

의령 성황리 소나무

Pine Tree of Seonghwang-ri, Uiryeong

수종 소나무(*Pinus densiflora*) **소재지** 경남 의령군 정곡면 성황리 산34-1
크기 나무높이 13.5m, 가슴높이 둘레 4.8m **지정일** 1988. 04. 30.

성황리 소나무가 있는 마을은 '성황(城隍)마을'이다.

소나무 앞에는 의령남씨(宜寧南氏) 사당이, 뒤에는 묘소가 있다. 사당과 묘소를 지키는 서낭목(城隍木)으로, 마을 이름 '성황'은 이 나무와 연관된 것이다. 마을을 내려다보며 마을의 수호신인 서낭신(城隍神)이 머물러 있는 소나무로, 나이는 약 300살로 추정하고 있다.

수형은 지면 1.5m 부근에서 가지가 4개로 갈라졌는데, 1가지는 죽고 3가지가 옆으로 넓게 퍼진 모습이다.

예전에 이 나무의 북쪽 바로 옆에는 부부 사이로 여겼던 소나무가 있었다. 아주 가까운 거리에서 애틋한 모습으로 자라고, 가지는 서로 닿을 듯 말 듯 했는데, 가지가 맞닿으면 크게 기뻐할 일이 생긴다는 이야기가 있었다. 실제로 가지가 서로 맞닿았던 1945년에 광복이 되었는데, 나라를 되찾은 기쁨을 함께 누렸던 옆지기 소나무는 이미 죽어, 이 홀아비 소나무만 외롭게 자리를 지키고 있다.

성황마을 벽화

2009. 11. 01.

2021. 07. 29.

마을을 내려다보며 마을을 지키는 '서낭목'이다

장수 장수리 의암송(義巖松)

Uiamsong Pine Tree in Jangsu-ri, Jangsu

수종 소나무(*Pinus densiflora*) **소재지** 전북 장수군 장수읍 장수리 176-7(장수군청)

크기 나무높이 11.9m, 가슴높이 둘레 4.1m **지정일** 1998. 12. 23.

장수군청 앞 광장의 의암송(義巖松) 설명판에는 이렇게 적혀 있다.

의암송은 임진왜란 때 진주 촉석루 아래 의암에서 일본군 장수를 끌어 안고 의롭게 죽은 주논개(朱論介)의 절개를 상징하는 나무로서, 1588년경 논개가 심었다고 전해 오고 있다. 용틀임하는 듯 휘감은 두 줄기가 하늘을 향해 뻗어 오른 모습은 마치 논개의 곧은 절개를 상징하는 듯하다

군청의 설명판이라고 곧이곧대로 믿으면 안 된다. '논개 출생지는 장수(長水)'라 주장하고 논개제전을 개최하는 장수군은 의암송을 논개가 심은 나무로 자랑하고 있다. 실상은 꼬이고 비틀린 소나무 줄기를 논개(?~1593)가 의암(義巖)에서 왜장을 껴안고 투신한 모습에 비유해, '의암송' 이름을 붙인 것에 지나지 않는다. 휘감은 줄기의 특이한 소나무가 갖는 생물학적 가치, 논개와 연관된 이야기로 역사적 가치가 큰 나무다.

꼬이고 비틀린 줄기

2014. 10. 28.

2021. 07. 21.

이천 도립리 반룡송(蟠龍松)

Ballyongsong Pine Tree in Dorip-ri, Icheon

수종 소나무(*Pinus densiflora*) **소재지** 경기 이천시 백사면 도립리 201-11

크기 나무높이 4.3m, 가슴높이 둘레 2.2m **지정일** 1966. 12. 30.

도립리 반룡송은 줄기와 가지는 심하게 꼬이고 비틀어졌고, 나무껍질(樹皮)은 용 비늘을 닮았다는 아주 특이한 생김새의 소나무다.

'반룡송(蟠龍松)'은 둥그렇게 포개어 감은(蟠) 용(龍) 모습의 소나무(松)에서 유래한 것으로, 하늘에 오르기 전 땅에 서린 용의 나무다.

앞으로 만 년 이상 살아갈 '만년송(萬年松)', '만룡송(萬龍松)'이라고도 하는데, 과장이 너무 지나친 것 같다.

풍수지리설(風水地理說)로 널리 알려진 '도선(道詵)'이 명당을 찾아 이곳을 비롯해 함흥, 서울, 계룡산, 강원도에 한 그루씩 심은 5그루 중 하나라고 한다. 함흥에는 태조 이성계, 서울에는 영조(英祖), 계룡산에는 정감록의 정감(鄭鑑)이 태어났고, 강원도에 심은 나무는 죽었다고 한다. 반룡송이 있는 이곳에도 큰 인물이 태어날 것이라는 기대감이 크다.

이런 기대가 있기에 소문이 끊이지 않는다. 약재로 쓰려고 용 비늘 수피를 벗긴 사람이 갑자기 죽었다는 등, 여러 이야기를 전하고 있다.

반룡송 설명판

2011. 02. 20.

2024. 08. 05.

줄기와 가지는 심하게 꼬이고 비틀린 모습이다

하동 축지리 문암송(文巖松)
Munamsong Pine Tree in Chukji-ri, Hadong

수종 소나무(*Pinus densiflora*)
크기 나무높이 13.0m, 가슴높이 둘레 3.7m
소재지 경남 하동군 악양면 축지리 산83-1
지정일 2008. 03. 12.

문암송이 자리한 곳은 탁 트인 '평사리(平沙里)' 들판이 한눈에 내려다보이는 경관이 뛰어난 곳이다.

지리산 자락 아래 섬진강과 맞닿은 곳에 펼쳐진 평사리 들판은 오랫동안 농사를 지어온 사람들의 삶의 터전이다. 그리고 박경리(1926~2008)의 대하소설 『토지』에 나오는 '최참판댁'의 무대가 되는 문학의 장소이면서 문화유산의 공간이다.

옛 선비들은 황금빛 들녘이 드러나는 이곳 바위(巖)에 앉아 글(文)을 읊조리며 한가로이 시간을 보냈다. '문암송(文巖松)'은 선비들의 글 읽는 소리를 듣고 자란 소나무(松)로, 나이는 약 600살로 추정하고 있다.

문암송은 바위를 의자 삼아 선비의 의연한 모습을 드러내고, 암반의 좁은 틈새에다 뿌리를 깊게 내려 선비의 굳건한 기상을 나타내는 나무다.

암반에 자라 한층 풍광이 돋보이는 문암송 앞에는, 문암정(文巖亭) 이름의 정자를 세워 시회(詩會)를 열고 여흥을 즐기기도 했다.

2023. 01. 29.

바위를 의자 삼고 틈새에 뿌리를 내렸다

선비의 의연함과 굳건함을 나타내는 나무다

하동 송림(松林)

Pine Forest of Hadong

수종 소나무(*Pinus densiflora*) **소재지** 경남 하동군 하동읍 광평리 443-10

수량 약 900그루 **지정일** 2005. 02. 18.

'하동(河東) 송림(松林)'은 섬진강(河) 동쪽(東) 백사장의 소나무(松) 숲(林)이다. '송림공원(松林公園)'이라는 이름의 도시공원(都市公園)으로, 도시공원으로 지정된 소나무 숲으로는 우리나라에서 제일 큰 숲이다.

영조 21년(1745)에 도호부사(都護府使) 전천상(田天祥)이 섬진강 모래바람으로 어려움을 겪는 주민들을 위해, 소나무 3,000그루를 심어 바람을 막았다고 한다. 바람을 막는 숲을 '방풍림(防風林)'이라 하는데, 이 송림처럼 바람에 의해 날리는 모래를 막는 숲은 '비사방지림(飛沙防止林)'이라 한다.

「백사청송(白沙靑松)의 고장」은 이곳을 두고 하는 말이다. 현재 900여 그루에 이르는 노송(老松)이 하얀 백사장을 곁에다 두고, 유유히 흐르는 섬진강물에 지나온 세월을 담고 있다.

도시공원인 만큼 주민들이 일상에서 즐겨 찾는 숲으로, 숲속 산책로와 각종 편의시설이 잘 갖추어져 있다. 특히 소나무 아래 꽃무릇(Lycoris radiata)이 화려하게 물들면, 아주 인기 있는 셀카(Self Camera) 장소로 변한다.

송림 이야기 지도

소나무 이야기

강풍에 의한 피해목을 활용

근린공원의 쉼터, 놀이터로 활용

예천 천향리 석송령(石松靈)

Seoksongnyeong Pine Tree in Cheonhyang-ri, Yecheon

수종 반송(*Pinus densiflora* f. *multicaulis*)　　**소재지** 경북 예천군 감천면 천향리 804

크기 나무높이 9.2m, 가슴높이 둘레 4.2m　　**지정일** 1982. 11. 09.

마을에 전해 오는 이야기에 의하면, 약 600년 전에 큰 홍수로 석관천(石串川)을 따라 떠내려오는 소나무를 건져서 이 자리에 심은 것이 석송령이라고 한다.

1927년에 이곳 석평(石坪)마을 주민 이수목(李秀睦)이 이 나무에서 신령스러운 기운을 느껴, 석평(石)마을의 영험(靈) 있는 소나무(松)라는 '석송령(石松靈)'으로 이름 짓고, 자기 재산의 토지 6,600m²를 물려주고 죽었다. 이수목에게 토지를 물려받을 아들이 있었더라도 이랬을까? 이후 나무 앞으로 등기가 이전됨으로써, 석송령은 우리보다 재산이 많은 부자 나무가 되었다.

2011. 11. 08.

2021. 08. 12.

2021. 12. 10.

석송령은 외줄기로 자라는 소나무가 아니고, 지면에서 줄기가 여러 개로 갈라지는 '반송(盤松)'이다

그런데 사람 아닌 나무도 토지 상속이 가능하고 등기가 되는 것일까?
호랑이 담배 피우던 시절은 아니지만, 주민등록제도가 정착되지 않았던
시절 특히 시골에서는 가능했다. 컴퓨터가 아니고 손 글씨로 서류를 작성

2011. 10. 08.

했던 당시, 나무 석송령을 '석(石)'씨 성을 가진 '송령(松靈)'이라는 이름의 사람으로 기록했던 것이다. 경위야 어쨌든, 한국기록원에 의해 「우리나라 최초로 재산을 보유한 나무」로 등재되었다. 토지를 소유하고 있어, 지금도 석송령 이름으로 나오는 재산세를 꼬박꼬박 납부하고 있다.

나무에서 나오는 소출(所出)로 기금을 조성해 학생들에게 장학금을 주고 있다. 이를 가상히 여긴 박정희 전 대통령(1917~1979)은 당시로는 상당한 금액인 500만 원을 희사했다고 한다.

마을 입구에 있는 이 나무는 마을을 지키는 동신목(洞神木), 영험한 당산목(堂山木), 신령스러운 서낭목(城隍木)이다. 해마다 정월 대보름 전날에 마을 사람들은 "아주 오래오래 사시라!"는 동제(洞祭)를 지내고 있다.

얼핏 보면 숲으로 착각할 정도로 아주 큰 나무다. 밑동은 두 팔을 펼친 어른 아름을 훨씬 넘는다. 지면에서 굵은 줄기가 바로 3갈래로 갈라지는 '반송(*Pinus densiflora* f. *multicaulis*)'이다. 반구형(半球形)으로 나타나는 일반적인 반송 수형이 아니고 나무가 너무 크기 때문에, 사람들은 대부분 소나무(*Pinus densiflora*)로 잘못 알고 있다.

사방으로 가지가 길게 뻗어 자라고 있어, 용 4마리가 동서남북으로 승천하는 모습이라는 사람도 있다. 용 비늘처럼 터지고 갈라진 나무껍질 곳곳에는, 여러 해 눈이 쌓여 얼었다가 녹기를 반복해 이끼가 두텁게 끼어 있다. 사방으로 길게 뻗은 가지는 스스로 지탱해야 할 힘을 잃고, 곳곳에 세워 놓은 받침대에 세월의 무게를 의지하고 있다.

석송령은 토지를 소유하고 세금을 내는, 의인화된 '담세목(擔稅木)'이다. 세계적으로도 찾기 어려운 희귀한 사례로, 우리의 자랑이자 영원히 지켜야 할 소중한 유산이다.

마을의 석송쉼터

쉼터 옆 후계목

함양 목현리 구송(九松)

Gusong Pine Tree in Mokhyeon-ri, Hamyang

수종 반송(*Pinus densiflora* f. *multicaulis*)　　**소재지** 경남 함양군 휴천면 목현리 16-3

크기 나무높이 11.2m, 가슴높이 둘레 5.0m　　**지정일** 1988. 04. 30.

'구송(九松)'은 밑동에서 줄기가 9갈래(九)로 갈라진 소나무(松)에서 나온 이름이다. 위로 우뚝 자라 얼핏 소나무로 보이지만 반송(盤松)이다.

구송이 있는 마을은 나무(木)가 고개(峴)를 이룬다는 '목현(木峴)마을'로 원래 나무가 울창한 곳이다.

약 300년 전 마을이 들어서면서 진양정씨 학산공(鶴山公)이 심었다고 한다. 마을의 유래를 나타내는 이 나무 옆 냇가에는 '구송정(九松亭)' 이름의 정자를 세워 풍류를 즐겼다.

세월이 흐르면서 줄기 2개가 죽고 7개가 남아 칠송(七松)이 되었다. 그러나 나무가 지닌 위용과 기품은 잃지 않았다. 함양군은 현재 구송을 보호하고 주민들의 쉼터인 '구송대공원(九松臺公園)'으로 활용하고 있다.

2012. 06. 23.

2019. 04. 05.

2013. 06. 30.

2024. 08. 03.

상주 상현리 반송

Multi-stem Pine of Sanghyeon-ri, Sangju

수종 반송(*Pinus densiflora* f. *multicaulis*) **소재지** 경북 상주시 화서면 상현리 50-1

크기 나무높이 13.0m, 가슴높이 둘레 5.2m **지정일** 1982. 11. 09.

약 500살로 추정되는 상현리 반송(盤松)은 마치 우산을 펼친 듯한 수형으로, 가지는 땅에 닿을 정도로 처져 있다. 탑처럼 보여서 탑송이라 알려졌으나, 아무리 봐도 나무가 탑 모양으로는 보이지 않는다. 소원을 비는 탑(塔)처럼, 나무(松)를 바라보고 소원을 빌었다고 '탑송(塔松)'이라 한 것이다.

　예전에는 이무기가 살고 있다는 소문으로 감히 가까이 가지 못했던 나무다. 새도 이 나무에 집 짓기를 꺼렸다. 나무를 해치면 3대에 걸쳐 천벌을 받는다고 알려져, 땔감으로 요긴하게 쓰는 솔잎 낙엽조차 쓸어가지 않았다고 한다. 주변은 공원으로 정월 대보름에 동제를 지내고 있다.

2010. 12. 04.

나무를 바라보고 탑처럼 소원을 빌었다고 탑송이 되었다

무주 삼공리 반송
Multi-stem Pine of Samgong-ri, Muju

수종 반송(*Pinus densiflora* f. *multicaulis*)　**소재지** 전북 무주군 설천면 삼공리 산31

크기 나무높이 22.4m, 밑동둘레 7.2m　**지정일** 1982. 11. 09.

삼공리 반송은 반구형(半球形) 모양의 반송으로는 우리나라에서 제일 큰 나무로, 사방 정연한 모습이 돋보이는 반송이다.

'반송(盤松)' 이름은 지면에서 여러 개의 줄기로 갈라진 나무 모습을 작은 상(床)에 비유한, 소반(盤) 모양의 소나무(松)에서 유래한 것이다. 학명의 '종소명(f. *multicaulis*)'은 'multi(많은)'와 'caulis(줄기)'가 합쳐진 것으로, 다간(多幹)의 줄기라는 뜻이다.

삼공리 보안마을 위쪽 산 중턱에 자리 잡은 이 나무의 나이는 약 400살로 추정하고 있다. 원래부터 이 자리에서 자랐던 나무가 아니고, 이주식(李周植)이라는 마을 주민이 다른 곳에서 옮겨 심은 나무라고 한다.

정연하게 뻗은 줄기와 가지가 부챗살처럼 사방으로 펼쳐져, 아름다운 자태를 유감없이 드러내는 나무다. 나무가 너무 크게 자라, 대부분의 반송이 갖는 반구형을 넘어 거의 구형에 가까운 수형을 보이고 있다.

인근의 구천동 구천계곡을 상징하는 '구천송(九千松)'이라고도 한다.

2024. 08. 05.

2011. 02. 10.

부챗살을 펼친 모습이다

영양 답곡리 만지송(萬枝松)

Manjisong Pine Tree in Dapgok-ri, Yeongyang

수종 반송(*Pinus densiflora* f. *multicaulis*) **소재지** 경북 영양군 석보면 답곡리 산159
크기 나무높이 13.0m, 가슴높이 둘레 4.9m **지정일** 1998. 12. 23.

답곡리 만지송은 외줄기로 곧게 자라는 소나무가 아니고, 줄기가 여러 개로 갈라져 자라는 반송이다. '만지송(萬枝松)' 이름은 갈라진 가지가 아주 많아, 만(萬) 개의 가지(枝)가 있는 소나무(松)에서 유래한 것이다.

예천의 석송령(石松靈)처럼 줄기와 가지가 적게 갈라지는 반송이 있고, 이 나무처럼 아주 많은 줄기와 가지로 갈라지는 반송도 있는데, 전국적으로 '만지송' 이름을 가진 나무는 많다.

옛날 어느 장군이 전쟁에 나가면서 승리를 기원하며 이 나무를 심었다는 이야기를 전하고 있다. 나무가 살면 전쟁에 이기는 것으로 생각하고, 이 나무를 '장군나무'라 불렀다는 것이다. 식재 당시의 아주 열악한 입지환경을 험난한 전쟁에 비유해 이런 이야기가 생긴 것이다.

나이는 약 400살로 추정하고 있다. 전형적인 반송이 갖는 반구형 수형의 정연한 자태를 자랑하고 있다. 지면에서 여러 개로 갈라진 줄기가 올라가면서 사방으로 큰 가지를 뻗고, 이 큰 가지에서 또다시 수많은 가지를 펼쳐, 좌우대칭의 균형미가 돋보이는 수형을 드러낸다. 사방으로 펼친 가지는 거의 땅에 닿을 정도로 늘어져, 처진 가지가 드리우는 곡선의 아름다운 실루엣을 유감없이 나타내고 있다.

예부터 답곡리 사람들은 용맹스런 장군이 심었다는 이 나무가 마을을 내려다보며 마을을 지켜주는 나무라고 믿어 왔다. 사람들이 굳게 믿는 나무에는 신비하고 영험한 이야기를 더하는 경우가 많다. 아들을 낳지 못해 애태운 여인이 이 나무에 정성스럽게 빌어 아들을 낳았다고 한다.

가지를 펼친 모습이 매우 아름다운 경관적 가치, 지금까지 잘 보존된 오래된 반송이 갖는 학술적 가치, 마을을 지켜준다고 굳게 믿어 온 나무로 역사적 가치가 큰 나무다.

만 개의 가지, 만지송

2012. 10. 07.

청도 동산리 처진소나무
Weeping Pine Tree of Dongsan-ri, Cheongdo

수종 처진소나무(*Pinus densiflora* f. *pendula*)
크기 나무높이 10.6m, 가슴높이 둘레 2.2m
소재지 경북 청도군 매전면 동산리 151-6
지정일 1982. 11. 09.

동산리 처진소나무는 가지가 늘어지고 아래로 축축 처지는 소나무다. 소나무의 품종(品種)인 '처진소나무(*Pinus densiflora* f. *pendula*)'의 종소명(f. *pendula*)은 '처지는'의 뜻이다.

늘어지는 가지 모습을 버드나무(*Salix pierotii*)에 비유해, 버드나무(柳)처럼 생긴 소나무(松) '유송(柳松)'이라고도 한다. 옛날 나무 앞을 지나는 정승에게 예의를 갖추려고 절을 하듯이 가지가 처졌다는 이야기를 전하고 있다.

해설판에는 1980~90년대에 시장점유율 60%로 대단한 인기를 끌었던 '솔' 담뱃갑의 모델이 된 나무로 설명하고 있다.

2009. 11. 14.

2015. 04. 26.

청도 운문사 처진소나무

Weeping Pine Tree of Unmunsa Temple, Cheongdo

수종 처진소나무(*Pinus densiflora* f. *pendula*) **소재지** 경북 청도군 운문면 운문사길 264(운문사)

크기 나무높이 9.5m, 수관폭 19.0m, 가슴높이 둘레 3.8m **지정일** 1966. 08. 25.

운문사(雲門寺) 처진소나무는 얼핏 보면 반송(盤松)으로 착각하기 쉽다. 그러나 지면 2.0m 부근에서 가지가 사방으로 퍼지면서 늘어져 땅에 닿을 정도로 처지는 처진소나무다.

동산리 처진소나무가 외줄기로 곧게 자라며 처지는 나무인데 반해, 운문사 처진소나무는 여러 가지가 사방으로 퍼지며 처지는 나무다.

옛날 큰스님이 나뭇가지가 시들자, 이를 꺾어 심은 것이 자랐다고 한다. 스님들의 목탁과 불경 소리를 듣고 자라, 스스로 몸을 낮춘다고 가지가 아래로 처졌다고 한다. 임진왜란 때에도 이 나무가 제법 큰 나무였다는 이야기가 있어, 나이는 500살 이상으로 추정하고 있다.

해마다 단오를 맞아 나무 주변에 막걸리 뿌리는 행사를 열고 있다. 오랫동안 목탁과 불경 소리에 몸을 낮추며 자란 소나무는 이날 모처럼 막걸리 힘으로 기운이 솟는다. 비구니 스님들의 수행도량인 운문사 나무 아래에서 펼치는 막걸리 민속행사는 대단히 흥미롭다.

장수를 의미하는 돌 거북

2009. 11. 14.

운문사에 이르는 소나무 숲길

포천 직두리 부부송(夫婦松)

Bubusong Pine Trees in Jikdu-ri, Pocheon

수종 처진소나무(*Pinus densiflora* f. *pendula*) **소재지** 경기 포천시 군내면 직두리 190-7

수량 2그루 **지정일** 2002. 06. 13.

천연기념물 지정 당시에 '직두리 처진소나무'로 명명하기로 했으나, 다정
한 부부의 정겨운 모습이어서 '직두리 부부송(夫婦松)'으로 바뀌었다.

　　한 자리에서 오랫동안 한몸처럼 살아오며 가지를 땅으로 내려놓은 2그
루의 처진소나무다. 서로를 부둥켜안은 모습으로 멀리서 보면 한 그루로
보이는데, 부부의 연을 맺은 지 300여 년이 지났다.

　　영험한 부부송, 이 나무에 특히 부부가 함께 소원을 빌면 무엇이든 이
루어진다고 한다. 일제 강점기에 나무의 신통한 기운을 끊기 위해 누군가
이 나무의 가지를 잘랐다는 이야기를 전하고 있다.

2014. 09. 10.

2그루 다정한 부부 모습의 처진소나무다

해남 성내리 수성송(守城松)

수종 곰솔(*Pinus thunbergii*)　　**소재지** 전남 해남군 해남읍 성내리 4(해남군청)

크기 나무높이 15.4m, 가슴높이 둘레 3.7m　　**지정일** 2001. 09. 11.

해남군청(海南郡廳) 앞에서 위풍당당한 모습을 자랑하는 '수성송(守城松)'은 성(城)을 지킨(守) 소나무(松)로, 수종은 '곰솔(海松)'이다.

명종 10년(1555)에 왜선 60여 척이 달량진(지금의 남창리)을 침공해 왔다. 임진왜란 발발 37년 전에 일어난 '을묘왜변(乙卯倭變)'이다.

왜구의 침략으로 강진병영의 병마절도사와 장흥부사는 전사하고, 해남을 제외한 전라도 곳곳은 왜구의 노략질과 약탈로 극심한 피해를 입었다. 그러나 해남성은 현감 '변협(邊協)'의 뛰어난 지략과 지휘 아래, 관군과 군민들의 단결된 힘으로 왜구에 맞서 끝내 물리쳤다. 변협이 장흥부사로 영전해 가면서, 해남 동헌(東軒)에 군민들이 힘을 합쳐 전쟁에서 승리한 것을 기념하는 나무를 심고, 해남성을 지킨 소나무 '수성송' 이름을 지었다. 이를 근거로 나이는 약 500살로 추정하고 있다.

왜구를 물리쳐 해남을 지킨 수성송은 지금도 오가는 사람들이 많은 군청 앞 광장에서, 해남 사람들의 단결력과 강인함을 과시하고 있다.

2009. 09. 26.

2015. 05. 21.

2021. 08. 20.

제주 수산리 곰솔

Black Pine of Susan-ri, Jeju

수종 곰솔(*Pinus thunbergii*)
크기 나무높이 10.0m, 가슴높이 둘레 4.8m
소재지 제주 제주시 애월읍 수산리 2274
지정일 2004. 05. 14.

수산리 곰솔은 '곰솔' 이름과 연관해 흥미로운 이야기를 전하고 있다. 겨울철 눈(雪)에 덮인 이 나무를 물가에서 보면, 마치 흰 곰이 저수지 물을 마시려고 웅크린 모습이어서, '곰 같은 소나무' 곰솔로 불렀다고 한다.

자연에서 저절로 자란 나무가 아니고 마을을 이루면서 심은 나무로, 나이는 약 400살로 추정하고 있다.

수관(樹冠)은 아주 넓게 퍼지고 저수지 쪽으로 가지가 낮게 물가에 드리워져 있다. 나무는 가지 아래에 충분한 그늘과 훌륭한 쉼터를 만들고, 적당한 관개(冠蓋)와 위요(圍繞)로 아늑한 분위기를 표출하고 있다.

곰 같은 소나무, 곰솔

2022. 11. 18.

제주 산천단 곰솔 군(群)

수종 곰솔(*Pinus thunbergii*) **소재지** 제주 제주시 아라1동 375-1
수량 8그루 **지정일** 1964. 01. 31.

예부터 제주에서는 한라산 백록담(白鹿潭)에 올라 하늘에 '산천제(山天祭)'를 지냈다. 그런데 날씨가 아주 나빠 가는 길이 험할 때는, 곰솔이 무리 지어 있는 이곳 산천단(山川壇)에서 '산천제(山川祭)'를 지냈다.

사람들은 하늘에 있는 천신(天神)이 세상에 내려올 때 이 신성한 나무에 머문다고 생각해, 나무 아래에 제단을 만들고 제사를 지냈다.

제일 큰 곰솔은 약간 떨어져서 V자 모습으로 비스듬히 자랐고, 5그루와 2그루로 이루어진 곰솔 7그루는 집단이 이루는 위용을 감추지 않고 있다. 나이는 8그루 모두 500살 이상으로 추정하고 있다.

2022. 07. 04.

2022. 11. 18.

V자 모습으로 비스듬히 자란, 제일 큰 곰솔

장흥 옥당리 효자송(孝子松)

Hyojasong Pine Tree in Okdang-ri, Jangheung

수종 곰솔(*Pinus thunbergii*) 　　**소재지** 전남 장흥군 관산읍 옥당리 160-1
크기 나무높이 9.0m, 수관폭 25.0m, 밑동둘레 4.0m　　**지정일** 1988. 04. 30.

마을에 내려오는 이야기에 의하면, 250여 년 전에 효성이 지극한 3형제는 노약한 홀어머니가 밭에서 일하다 쉴 수 있도록 그늘을 만들기로 했다.

3형제는 각각 곰솔, 감나무, 소태나무를 심었는데, 곰솔만 살아남아 '효자송(孝子松)' 이름이 생겼다고 한다.

가지는 옆으로 아주 넓게 퍼져 나무 아래에 훌륭한 그늘을 만들고 있다. 마치 소나무가 누워 있는 듯한 '와송(臥松)'의 모습이다.

인근 송촌리에는 형제처럼 나란히 서 있는 '형제송(兄弟松)'이 있다. 효자송과 형제송, 모두 관산읍이 자랑하는 정감 어린 이름의 곰솔이다.

나란히 자란 형제송

효자송 아래로 넓게 펼친 그늘은 훌륭한 쉼터가 된다

전주 삼천동 곰솔

Black Pine of Samcheon-dong, Jeonju

수종 곰솔(*Pinus thunbergii*) **소재지** 전북 전주시 완산구 삼천동 1가 14

크기 나무높이 5.0m, 가슴높이 둘레 3.6m **지정일** 1988. 04. 30.

삼천동 곰솔은 주로 바닷가에 자라는 곰솔이 내륙에서 자라 생물학적 가치가 큰 나무다. 300여 년 전에 인동장씨(仁同張氏) 묘역을 지키는 나무로 심어져 역사적 가치도 큰 나무다.

이러한 가치에다 외줄기로 곧게 올라가다 높이 2.0m 부근에서 사방 수평으로 가지를 펼쳐, 마치 학이 땅을 차고 날아가는 듯한 아름다운 수형의 경관적 가치를 더해 1988년에 천연기념물로 지정되었다.

1990년대에 이르러 나무가 위치한 야트막한 구릉은 10차선 도로가 관통하고 대규모 주택단지로 개발되었다. 지형을 비롯한 주변 환경이 급격히 변하면서 수세(樹勢)는 많이 약해졌다.

2001년에는 개발이익에 눈먼 사람이 지가상승의 걸림돌로 생각해, 나무 밑동에 드릴로 구멍을 뚫고 독극물을 주입함으로써, 21개의 가지 중 3개 가지와 1개 가지 일부만 살아남았을 정도로 고사 직전에 이르렀다. 사망진단까지 받았지만, 이 곰솔은 그냥 물러나지 않았다. 2004년에 4개 가지만 남기고 17개 가지를 잘라내는 대대적인 외과수술이 이루어졌다.

나무 대부분을 자르는 외과수술로, 한쪽은 가지와 잎이 있고 다른 쪽은 텅 비어 있는, 아주 기형적인 모습으로 변해 버리고 말았다. 삶과 죽음을 오고 간 이 나무는 인간의 헛된 욕망에 경종을 울리며, 참담하게 아픈 흔적을 그대로 드러낸 채 끈질긴 생명력을 보여주고 있다.

2021. 08. 18.

2024. 06. 11.

날개 펼친 학에 비유한 옛 모습

서울 재동 백송
Lacebark Pine of Jae-dong, Seoul

수종 백송(*Pinus bungeana*)
크기 나무높이 17.0m, 가슴높이 둘레 각각 2.0m, 2.6m
소재지 서울특별시 종로구 재동 83(헌법재판소)
지정일 1962. 12. 07.

나무껍질이 하얀 소나무 '백송(白松)'을 원산지 중국에서는 '백피송(白皮松)', '백골송(白骨松)'이라 한다. 중국에 갔던 우리 사신들은 이제껏 보지 못한, 하얀 수피(樹皮)의 소나무가 매우 신기했다. 그래서 귀국하면서 가져와 심은 나무가 백송(*Pinus bungeana*)이다.

재동 백송은 몇 안 되는 백송 중에서 상당히 큰 나무로, 나이는 약 600살로 추정하고 있다. 수피 색깔은 여느 백송에 비해 유난히 희다. 어린 백송은 수피 색깔이 초록에 가까운데, 자라면서 초록의 껍질이 벗겨지기를 반복하면서 차츰 희게 변한다. 줄기는 지면에서 두 갈래로 갈라져, 나무는 V자 모습을 보이고 있다.

백송이 있는 헌법재판소는 위헌 심판이나 국가의 중대사를 결정하는 곳이다. 이 나무는 600여 년에 걸친 순탄치 않은 역사의 소용돌이와 항상 함께해 왔다. 근래에는 3차례나 제소된 대통령 탄핵 심판을 아주 가까이에서 직접 지켜본 역사의 나무다.

2022. 01. 02.

어린 백송의 수피

2009. 10. 05.

2022. 04. 23.

고양 송포 백송

Lacebark Pine of Songpo, Goyang

수종 백송(*Pinus bungeana*) **소재지** 경기 고양시 일산서구 덕이동 산207
크기 나무높이 11.5m, 밑동둘레 2.4m **지정일** 1962. 12. 07.

역삼각의 부챗살 수형의 송포(松浦) 백송은 도로변 낮은 언덕에 위치해 있다. 백송의 특징인 수피는 다른 백송에 비해 희지 않은 편이다.

나무의 유래는 2가지로 알려져 있다.

세종(재위 1418~1450) 때 김종서가 개척한 6진에서 활약하던 최수원이 귀향하면서 가져왔다고도 하고, 선조(재위 1567~1608) 때 유하겸이 중국 사신으로부터 받은 백송 2그루 중 하나로, 현 소유자 탐진최씨(耽津崔氏)의 선조 묘소에 심은 것으로도 알려져 있다. 당시 마을 사람들은 중국에서 온 소나무 '당송(唐松)'으로 불렀다고 한다.

나이는 300살 정도로 추정하는데, 추정 나이로 보면 유래로 알려진 나무의 후계목(後繼木)이다.

고양시의 시목(市木)은 백송이다. 시의 무궁한 발전과 시민의 애향심, 아름다운 전원도시를 강조하기 위해, 호수공원 등 곳곳에 상징식재로 활용하고 있다. 이런 관점에서 송포 백송은 특별한 의미가 있는 나무다.

수꽃과 3속생(束生) 잎

2025. 11. 26.

탐진최씨 묘소와 인접해 있다

예산 용궁리 백송

Lacebark Pine of Yonggung-ri, Yesan

수종 백송(*Pinus bungeana*)
크기 나무높이 13.2m, 가슴높이 둘레 1.5m
소재지 충남 예산군 신암면 용궁리 산73-28
지정일 1962. 12. 07.

용궁리 백송(白松)은 순조 9년(1809)에 추사 '김정희(1786~1856)'가, 자제군관(子弟軍官)의 신분으로 아버지 김노경을 따라 청(淸)나라 연경(지금의 북경)에 갔다가 돌아오면서, 가지고 온 종자를 고조할아버지 김흥경의 묘소 앞에 심었던 것으로 알려져 있다.

나무높이 13.2m 정도로 밑동에서 줄기가 3갈래로 갈라진 수형이었는데, 2줄기는 죽고 1줄기만 남아 아주 빈약한 모습이다.

수피 색깔은 뚜렷하게 희다. 아주 빈약한 모습을 보이지만, 중국과의 교류와 추사와 연관된 이야기로 역사적, 문화적 가치가 큰 나무다.

한 줄기만 살아남았다

2011. 02. 09.

은
행
나
무

은행나무(*Ginkgo biloba*)는 세계에서 가장 나이가 많은 조상(祖上) 나무이면서 가장 오래 사는 나무다.

건강한 사람이 오래 사는 법이다. 약 2억 5천만 년 전부터 공룡과 함께 살았던 나무가 은행나무다. 여러 번의 빙하기를 거치며 거의 모든 생물이 멸종했지만, 은행나무는 워낙 건강한 몸이라 지금까지 거의 온전한 상태로 살아남았다. 화석(化石)으로도 발견되어 메타세쿼이아(*Metasequoia glyptostroboides*)와 함께 '살아있는 화석나무'로 대접받는다.

속명(屬名, *Ginkgo*)은 '銀杏(은행)'의 일본 발음에서 나온 것이다. 종명(種名, *biloba*)은 'bi(2개)'와 'loba(갈라지는)'가 합쳐진 것으로, 잎이 2개로 갈라진다는 뜻이다.

영어 이름은 넓은 잎이 '소녀의 단발머리'를 닮았다고 'Maiden hair tree'라 한다. 소녀 단발머리가 중국 사람들의 눈에는 '오리 다리'로 보인 모양이다. 은행나무를 나타내는 한자는 '압각수(鴨脚樹)'다. 어느 정도 나이가 되어야 열매를 맺는다고 '공손수(公孫樹)', 흰 열매를 맺는다고 '백과목(白果木)'이라고도 한다.

은행나무는 '낙엽침엽교목(落葉針葉喬木, 갈잎바늘잎큰키나무)'이다.

잎이 넓어 '활엽수(闊葉樹)'로 보이지만, 분류학적으로는 나자식물(裸子植物)이므로 '침엽수(針葉樹)'로 분류한다. 일반적으로 잎 모양에 따라 침엽수와 낙엽수로 구분해 부르지만, 실제는 잎 모양이 아니고 '나자식물(裸子植物, 겉씨식물)'과 '피자식물(被子植物, 속씨식물)'로 구분한다. 나자식물은 침엽수, 피자식물은 낙엽수라는 이름으로 부르기 때문에 이런 오해가 생긴다.

상대적인 경우에 해당하는 위성류(渭城柳, *Tamarix chinensis*)는 잎이 좁아 침엽수로 보이지만, 활엽수로 분류하는 나무다.

한 나무에 암꽃과 수꽃이 모두 있는 '자웅동주(雌雄同株, 암수한그루)'인 소나무와 달리, 은행나무는 찾기가 힘든 암꽃이 있는 암나무와 수꽃이 피는 수나무가 각각 따로 있는 '자웅이주(雌雄異株, 암수딴그루)'다. 따뜻한 봄이 오면 수나무에 핀 꽃가루가 바람에 실려 암꽃까지 날아가 수정이 이루어진다.

생육조건이 맞으면 아주 오래 사는 나무다. 식재환경이 열악한 도로에 가로수로 가장 많이 심는 나무가 은행나무다. 생명력이 워낙 강해 줄기가 죽으면 주변에 자연스럽게 맹아(萌芽)가 돋아난다. 오래된 은행나무에서는 원 줄기가 죽고 주변에서 돋아난 맹아가 새로운 줄기로 왕성하게 자라는 것을 쉽게 볼 수 있다. 땅에 떨어진 가지에서도 움이 트고 뿌리를 뻗는 경우가 많다.

오래된 줄기나 가지에 '유주(乳柱)'가 발달하는 것도 왕성한 생명력의 결과다. 모양을 젖가슴에 비유한 유주는 땅속 뿌리의 호흡만으로는 모자라는 숨을 보충하기 위해 공중에 드러난 뿌리로 알려져 있다.

한편 우리은행, 신한은행, 한빛은행, 외환은행 앞에 심겨 있다고 은행나무라 부르는게 아니다. 나무 이름 '은행(銀杏)'은 열매는 은빛(銀)이 나고 모양은 살구(杏)를 닮은 것에서 유래한다.

공자(孔子, BC 551~479)는 은행나무(杏) 아래 평평한 곳(壇)에서 제자를 가르쳤다는데, 이를 '행단(杏壇)'이라고 한다. 그런데 행단이 은행나무가 아니고, '살구 행(杏)'에 집착해 살구나무(Prunus armeniaca)라고 주장하는 사람들도 많다.

녹음수(綠陰樹) 그늘 아래에서 제자를 가르쳤다고 생각하면, 아무래도 살구나무보다는 아주 크게 자라 그늘을 제공하는 은행나무가 더 합리적이다. 이런 이유로 향교나 서원에서는 오래된 은행나무를 쉽게 볼 수 있다.

공자의 가르침에 뿌리를 둔 성균관대학교 입구에는 문묘(文廟)가 있다. 성균관대학교를 상징하는 교목(校木)은 은행나무다. 유학(儒學)을 상징하는 문묘의 은행나무는 천연기념물로 지정된 나무다.

현재 서울 문묘 은행나무, 양평 용문사 은행나무를 비롯해 25곳이 천연기념물로 지정되어 있다. 소나무속(屬) 나무 40곳에 이어 두 번째로 많다.

서울 문묘 은행나무

Ginkgo Tree of Munmyo Confucian Shrine, Seoul

수종 은행나무(*Ginkgo biloba*) **소재지** 서울특별시 종로구 성균관로 25-1(성균관대학교)

크기 나무높이 26.0m, 가슴높이 둘레 12.1m **지정일** 1962. 12. 07.

문묘(文廟)는 공자를 비롯한 중국과 우리나라 유학자들의 위패를 모시고 제사를 지내는 곳이고, 성균관(成均館)은 나라의 인재를 기르는 조선시대 최고의 교육기관이다.

　선현을 기리는 곳에서 유생들의 글 읽는 소리를 듣고 자란 문묘 은행나무는 역사적, 문화적 가치가 매우 큰 나무다. 단풍철에는 잿빛 콘크리트 문명에 찌든 요즘 사람들이 이 나무를 찾아, 노랗게 물든 단풍의 아름다움에 위안을 삼는 도심 속의 나무다.

　문묘는 대성전(大成殿)을 앞에 두고 명륜당(明倫堂)을 뒤에 두는, 이른바

성균관대학교 배너

2022. 01. 02.

아래로 늘어진 유주(乳柱)

'전묘후학(前廟後學)'의 전형적인 모습이다.

　대성전 바로 뒤에 은행나무 2그루가 나란히 서 있는데, 명륜당을 바라볼 때 오른쪽 나무는 천연기념물로 지정되어 있다. 왼쪽 나무는 천연기념물의 지위는 없으나, 실질적으로는 천연기념물로 대접받고 있다.

　중종(재위 1506~1544) 때 동지성균관사(同知成均館事) 윤탁(尹倬)이 처음 나무를 심은 것으로 알려져 있다. 그는 나무를 '문행(文杏)'이라 부르고, "뿌리가 깊으면 가지와 잎이 반드시 무성하게 된다"라고 했다.

　임진왜란으로 문묘와 함께 나무는 불에 타버렸고, 지금의 나무는 1602년 문묘를 다시 세울 때 새로 심은 것이다. 이를 근거로 나무 나이는 대략 450살 정도로 추정하고 있다. 18세기 성균관의 모습을 그린 서울특별시 유형문화유산『태학계첩(太學契帖)』에 공자의 가르침을 상징하는 이 나무의 모습이 잘 나타나 있다.

　대단히 웅장한 수형을 드러내는 나무로, 밑동에서 돋아난 맹아(萌芽)에

2009. 11. 09.

2022. 09. 29.

서 자란 새로운 줄기가 힘차게 솟구쳐 오른 모습을 여러 곳에서 볼 수 있다. 사방으로 힘차게 뻗은 가지에는 땅을 향해 아래로 길게 늘어진 '유주(乳柱)'가 눈길을 끈다.

2022년 7월에 나무를 지탱하는 받침대를 교체하는 과정에서 가지가 크게 부러졌는데, 이를 위로하기 위해 「유교상징문행(儒敎象徵文杏) 파손에 따른 위안제」를 지낼 정도로 아주 귀중한 나무다.

위안제 플래카드

2022. 04. 02.

양평 용문사 은행나무

Ginkgo Tree of Yongmunsa Temple, Yangpyeong

수종 은행나무(*Ginkgo biloba*)
크기 나무높이 38.8m, 최대 수관폭 26.4m, 가슴높이 둘레 11.0m
소재지 경기 양평군 용문면 용문산로 626-1(용문사)
지정일 1962. 12. 07.

용문사(龍門寺) 은행나무는 신라의 마지막 왕 경순왕(재위 927~935)의 세자 마의태자(麻衣太子)가 나라 잃은 설움을 안고, 금강산으로 가는 길에 심었다고 한다. 신라의 고승 의상대사(義湘大師, 625~702)가 짚고 다니던 지팡이를 꽂아 놓은 것이 뿌리를 내려 자랐다는 이야기도 함께 전하고 있다.

　2022년 국립산림과학원에서 라이다(LiDAR, Lighting Detection and Ranging)를 활용한 방법으로 측정한 결과, 나무높이는 아파트 17층 정도에 해당하는 38.8m, 가슴높이 둘레 11.0m, 최대 수관폭 26.4m, 부피 97.9m³(줄기 44.6m³, 가지 23.2m³, 잎 2.9m³, 뿌리 27.2m³), 그리고 무게는 승용차 약 70대에 해당

은행나무와 용문사 버스

2011. 10. 25.

2024. 09. 10.

하는 97.9ton으로 나타났다.

　기후위기를 넘어 기후재난으로도 일컬어지는 시대를 맞아 중요한 항목으로 떠오른 연간 이산화탄소(CO_2) 흡수량은 113.0kg으로, 50년생 신갈나무(*Quercus mongolica*) 11그루와 맞먹는 양이다.

　나이는 1,018살로 추정했는데, 이 추정치가 정확하다면 의상대사의 지팡이가 뿌리를 내렸다는 이야기는 시간적으로 많은 차이가 있다. 아직까

2010. 10. 19.

2012. 02. 29.

지 라이다를 활용한 나이 추정은 축적된 자료를 완전히 통합해서 활용하지 못해 신뢰성을 담보하기 어려운 경우가 많다.

그러나 라이다 활용이 나무의 구조적 특성과 생장 패턴을 입체적으로 정확하게 측정하고 분석해서, 축적된 생물학적 자료를 바탕으로 나이를 추정하는 과학적 방법임을 부인하기는 어렵다.

38.8m로 우리나라에서 키(樹高)가 제일 큰 나무다. 나이(樹齡)는 이제껏

2016. 09. 13.

2024. 11. 06.

지면에 노출된 뿌리

우리나라 은행나무 중에서 제일 많은 나무로 알려져 왔으나, 최근 라이다 측정으로는 '원주 반계리 은행나무'가 더 많은 것으로 나타났다.

나이가 아주 많은 나무임에도 불구하고 해마다 약 350kg의 열매를 맺는다. 평균수명이 훨씬 지난 노인이 건장한 청년보다, 더 튼튼하다는 것을 과시하는 나무가 용문사 은행나무다. 건강한 몸을 가졌기에 노랗게 물드는 단풍 시기도 여느 은행나무보다 한층 늦다. 줄기 아래에 큰 돌기가 도드라지게 나타난 것이 다른 은행나무와 구별되는 특징이다.

세종(재위 1418~1450) 때 정3품 이상의 품계에 해당하는 '당상관(堂上官)' 직

은행나무 잎을 형상화한 목재데크

을 하사받은 품격 높은 나무였다.

1,100년의 오랜 세월을 거치면서 불에 타지 않고 살아남아 용문사를 지키고 있다고 '천왕목(天王木)'으로도 불리고 있다. 이 은행나무에 기원제(祈願祭)를 지내는 제단에 2007년 10월에 새긴 「영목제단기문(靈木祭壇記文)」에는 이런 글이 있다.

잎, 열매 환경조각

1999년 4월에 우리나라를 방문한 영국의 엘리자베스 여왕이 한국에서 최고의 자랑거리를 물었을 때 '용문산 가람의 은행나무'라고 대답했다

많은 사람들이 소원을 비는 신령스런 '천왕목(天王木)'이다

금산 보석사 은행나무
Ginkgo Tree of Boseoksa Temple, Geumsan

수종 은행나무(Ginkgo biloba)
크기 나무높이 26.0m, 가슴높이 둘레 10.5m
소재지 충남 금산군 남이면 석동리 709(보석사)
지정일 1990. 08. 02.

신라 헌강왕 11년(885)에 조구대사(祖丘大師)가 앞산에서 캔 금으로 사찰을 세웠다고 '보석사(寶石寺)'가 되었다고 한다.

대사는 제자 5명과 함께, 보살의 여섯 가지 수행 덕목인 보시(報施), 지계(持戒), 인욕(忍辱), 정진(精進), 선정(禪定), 지혜(智慧)의 '육바라밀(六波羅蜜)'을 상징하는 의미로 은행나무 6그루를 심었다.

육바라밀은 우리 불교에서 가장 중요하게 생각하는 보살의 실천행으로, 보석사 은행나무는 이를 뜻하는 6그루 중에서 살아남은 유일한 나무다. 나이는 1,100살 이상으로 추정하고 있다.

2011. 10. 20.

2009. 11. 04.

2024. 07. 31.

영동 영국사 은행나무

Ginkgo Tree of Yeongguksa Temple, Yeongdong

수종 은행나무(Ginkgo biloba)
크기 나무높이 30.0m, 가슴높이 둘레 11.4m
소재지 충북 영동군 양산면 누교리 1395-14(영국사)
지정일 1970. 04. 27.

고려 공민왕 10년(1361)에 공민왕이 당시 국청사(國淸寺)였던 이곳에서, 나라(國)의 태평과 백성의 안녕(寧)을 빌어 지금의 '영국사(寧國寺)'라는 이름을 갖게 되었다고 한다.

영국사 은행나무는 가지 하나가 땅에 닿아 뿌리를 내려, 독립된 나무처럼 자라는 것을 자랑하는 나무다. 사실은 가지가 닿은 곳에서 올라온 맹아(萌芽)가 땅에 닿은 가지와 합쳐 자라는 것이다.

웅장한 수형을 자랑하는 이 나무는 주변과 어우러지는 가을 단풍이 특히 아름답다. 나이는 1,000살 정도로 추정하고 있다.

2011. 10. 30.

가지가 땅에 닿은 곳에 맹아가 올라와 합쳐 자란다

2024. 05. 30.

안동 용계리 은행나무

Ginkgo Tree of Yonggye-ri, Andong

수종 은행나무(*Ginkgo biloba*)

크기 나무높이 31.0m, 수관폭 27.1m, 가슴높이 둘레 13.7m

소재지 경북 안동시 길안면 용계리 744-1

지정일 1966. 01. 13.

용계리 은행나무는 물에 잠길 노거수(老巨樹)를 이식해 살린, 자연유산 보존의 대표 사례로 드는 나무다. 이 나무는 원래 길안초등학교 용계분교 운동장에 있었는데, 임하댐 건설의 수몰 예정지역으로 물에 잠기게 되었다.

워낙 큰 나무이므로 다른 곳에 옮겨 심는 것은 불가능했다. 나무를 살리기 위해서는 제 자리에다 물에 잠기지 않을 높이까지 그대로 들어올리고, 흙을 채워 북돋아 심는 방법밖에 없었다.

1990년부터 1994년까지 나무를 원래 지면보다 17.5m 들어올리는 공사가 진행되었다. 뿌리 밑에 흙을 채워 넣으며 나무를 조금씩 들어올리는 방법을 택했다. 우선 약 1,500ton의 엄청난 무게를 들어올리는 일이 쉽지 않았다. 먼저 나무가 쓰러지지 않도록 나무 둥치에 철 구조물로 견고하게 지지대를 설치했다. 그리고 뿌리 주위를 파고 들어가 뿌리를 절단해 적당한 크기로 분(盆)을 만들고 철골과 철판으로 단단히 감쌌다. 200ton의 무게를 견디는 잭(jack) 8개로 나무를 들어올리기 시작했다. 잭 4개는 고정하고 나머지 4개로 한쪽을 먼저 들어올린 뒤, 다시 다른 쪽을 들어올리는 방법으로 하루에 0.3~0.5m 정도씩 올렸다. 이런 작업을 지속적으로 반복해서 17.5m를 들어올린 것이다.

공사 차량과 장비의 원활한 통행을 위해 다리를 새로 놓았고, 도로를 확장한 기반공사와 함께 유지관리를 포함해 당시 약 25억 원의 공사비가 들었다. 세계적으로 나무 한 그루를 살리기 위해 이렇게 엄청난 공사비를 지출한 사례가 없었다. 이래서 용계리 은행나무는 세계에서 제일 비싼 나무가 되었다.

2013년 4월에 「세계에서 이식에 성공한 가장 큰 나무(The largest tree to be transplanted in world records)」라는 기네스 협회 인증서를 받았다. 2013년에

2011. 10. 09.

기네스 협회 인증서

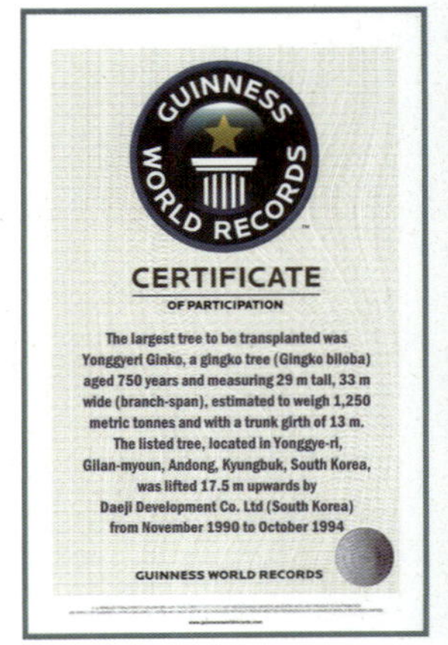

기념식수 표지석

인증서를 수여한 것은, 공사 후 20년이 지났기 때문에 이식에 완전히 성공했다고 본 것이다. 인증서에는 나무높이 29.0m, 평균 수관폭 33.0m, 가슴높이 둘레 13.0m로 기록되어 있으나, 이후 측정에서는 나무높이 31.0m, 동서 수관폭 26.9m, 남북 수관폭 27.3m, 가슴높이 둘레 13.7m로 나타났다. 국가유산청은 2024년 11월에 완공 30주년을 기념하는 행사를 개최해, 자연유산 은행나무의 가치를 높이고 효율적인 관리를 위해 자연유산 지킴이 '당산나무 할아버지'를 위촉했다.

7그루가 합쳐져 한 나무로 자란 원주 반계리 은행나무를 제외하고, 원

임하댐 건설로 수몰 예정지역에 위치해, 1990년부터 1994년까지 제자리에 17.5m를 들어올리는 공사가 진행되었다

래부터 한 나무로 자란 우리나라 은행나무 가운데 가슴높이 지름(胸高直徑)이 가장 큰 나무다. 사람으로 치면 어깨가 떡 벌어지고 가슴팍이 아주 넓은 사람이다. 곧게 자란 줄기가 굵고 생육 상태도 좋아, 아주 웅장하고 위풍당당한 수형을 과시하고 있다.

선조(재위 1576~1608) 때 훈련대장을 지냈던 탁순창(卓順昌)이 귀향해, 은행나무를 보호하고 마을 사람들의 친목을 도모하는 '행계(杏契)'를 만들고, 이 나무 아래에서 동제(洞祭)를 지내 마을의 안녕을 기원했다고 한다. 지금도 탁씨(卓氏) 후손들은 이를 기리는 행사를 개최하고 있다.

2세목 기념식수

2016. 10. 27.

원주 반계리 은행나무
Ginkgo Tree of Bangye-ri, Wonju

수종 은행나무(*Ginkgo biloba*)

크기 나무높이 32.0m, 가슴높이 둘레 16.3m, 밑동둘레 14.2m

소재지 강원 원주시 문막읍 반계리 1495-1

지정일 1964. 01. 31.

반계리 은행나무는 우리나라에서 가장 잘생긴 은행나무다. 안내판은 이렇게 설명하고 있다.

안내판의 설명대로, 우선 나무높이 32.0m에 이르는 다간(多幹)의 노거수(老巨樹)가 드러내는 거대한 수형이 보는 사람들을 압도한다.

외줄기 나무가 아니고 나무 7그루가 오래전에 합쳐져 한 그루가 된 나무다. 전체로는 아주 웅장한 느낌이고, 밑동에서 고르게 갈라진 줄기에서 수많은 가지가 사방으로 뻗고 퍼져, 어디에서 봐도 시각적으로 대칭에 의한 완벽한 균형미를 유감없이 발휘하고 있다.

밑동에서 고르게 합쳐진 줄기와 함께, 뿌리는 사방으로 이리저리 얽힌 모습을 지면에 그대로 노출시키고 있다. 이런 모습을 보면 산사태를 방지하는 뿌리의 기능은 저절로 이해가 된다. 이리저리 얽힌 뿌리 모습은 다른 곳에서는 좀처럼 느끼기 어려운 묘한 느낌을 일으키고 있다.

세상에서 어려운 일 중의 하나가 오래된 나무 나이를 아는 것이다. 공동(空洞)으로 줄기가 비었으니 나이테를 셀 수가 없다. 목편(木片) 일부를 추출하고 유전자(DNA)를 분석해 나이를 추정하는 과학적 방법도 신뢰하기 어려운 경우가 많다.

1964년 천연기념물로 지정할 당시에는 나이를 800살 정도로 추정했다. 그러나 2024년 국립산림과학원에서 라이다(LiDAR)를 활용한 방법으로 추정한 결과 1,317살로 나타났다.

줄기와 노출된 뿌리

황홀한 황금 단풍

7그루가 합쳐졌다

눈부신 황금 바닥

　　외줄기 나무가 아니고 실제는 나무 7그루가 오래전에 합쳐져 한 나무로 자랐으므로, 7그루를 독립된 개체로 보고 각각을 측정해 평균치로 계산해야 나이 추정이 정확하게 된다. 그러나 이런 과정을 생략하고 전체를 한 나무로 가정해 나이를 추정했다. 이러면 체적이 아주 큰 나무 한 그루가 되므로 나이가 많이 나올 수밖에 없다. 이런 라이다 방법에 의한 추정치로는, 이제껏 우리나라에서 가장 나이가 많다고 알려진 '양평 용문사 은행나무'보다 무려 297살이 많다.

　　아주 오래전에 마을을 지키는 동신목(洞神木)으로 심었다고 한다. 어떤 스님이 이곳을 지나다 물을 얻어 마시고 지팡이를 꽂고 갔는데, 그 지팡이가 자랐다는 흔한 이야기도 전해 온다.

　　한편 이 나무에는 흰 뱀이 살고 있어, 아무도 손대지 못하는 신령스러운 나무로 여겨졌다. 사실 크고 오래된 나무는 뱀이 서식하기에 아주 좋은 환경을 갖고 있다. 뱀이 살기에 적당한 온도와 습도가 있고, 숨어서 먹이를 사냥하기에 좋고, 몸을 숨기기에도 좋은 은신처가 된다. 여기에 그냥 뱀이 아니고 보기 힘든 흰 뱀을 등장시켜 신비함을 더하고 있다.

　　가을에 이 나무에 단풍이 한꺼번에 들면 이듬해에 풍년이 든다고 한다. 은행나무는 단풍이 든 잎을 오래 달지 않는 나무다. '마지막 잎새'와는 거리가 아주 먼 나무다. 비가 오거나 바람이 불면 어느새 떨어져 버린다. 단풍도 일시에 갑작스럽게 한꺼번에 든다. 단풍이 한꺼번에 들면 풍년이 든다는 이야기는 해마다 풍년이 들기를 염원하는 마음에서 생긴 것이다.

　　이 나무가 펼치는 눈부신 황금빛 단풍은 아름다움을 넘어 무아지경의 황홀한 느낌이다. 우리나라에서 단풍 찾는 사람들로 가장 심한 교통체증을 유발하는 나무가 반계리 은행나무다.

2022. 02. 20.

2016. 10. 29.

의령 세간리 은행나무
Ginkgo Tree of Segan-ri, Uiryeung

수종 은행나무(Ginkgo biloba)
크기 나무높이 21.0m, 가슴높이 둘레 10.1m
소재지 경남 의령군 유곡면 세간리 808
지정일 1982. 11. 09.

세간리 은행나무 남쪽으로 뻗은 가지에는 여인의 젖가슴 모양이라는 '유주(乳柱)'가 있다. 젖이 잘 나오지 않는 산모가 정성을 다해 빌면 소원을 이룬다는 나무다. 아들이 없는 여인이 치성을 드리면 아들을 갖는다는 이야기도 곁들여진다.

세월이 흐른 지금, 유주는 부분적으로 썩고 쪼그라져 예전의 봉곳한 젖가슴 모양을 찾기 어렵다. 산모가 소원을 이루는 나무 이야기는 과학적으로 믿을 수 없지만, 요즘은 이런 이야기의 의미를 찾는 세상이므로, 외과수술로 쪼그라진 가슴을 성형했으나 결과는 신통치 않다.

유주는 줄기나 가지에 돌기가 생겨 늘어지는 것이다. 땅속 뿌리의 호흡만으로는 모자라는 숨을 보충하기 위해 공중에 드러난 뿌리로 알려져 있다. 모양을 젖가슴에 비유해 유주라 했지만, 차츰 자라 늘어지면 남성의 성기를 닮게 된다. 모양에 따라 여성과 남성의 상징이 된 유주를 잘라 먹으면 뜻을 이룬다는 속설로, 많은 은행나무가 수난을 겪었다.

외과수술로 성형한 유주

2009. 11. 01.

2020. 11. 04.

금릉 조룡리 은행나무
Ginkgo Tree of Joryong-ri, Geumneung

수종 은행나무(*Ginkgo biloba*)
크기 나무높이 25.0m, 가슴높이 둘레 11.5m
소재지 경북 김천시 대덕면 조룡리 산51-1
지정일 1982. 11. 09.

조룡리 은행나무는 단종(재위 1452~1455) 복위에 참여해 처형된, 충의공 김문기(金文起)를 배향하는 섬계서원(剡溪書院) 담장 모서리에 자리 잡고 있다.

공자가 은행나무 아래 행단(杏壇)에서 제자를 가르쳤다는 기록에 따라, 선현의 위패를 모시고 선비들이 학문을 강론하고 유생들이 글을 읽는 서원에서는 은행나무를 즐겨 심었다.

맹아와 유주가 발달한 이 나무의 나이는 약 500살로 추정하고 있다. 섬계서원은 순조 2년(1802)에 창건되었는데 나무 나이나 위치로 보면, 이 은행나무를 중심으로 먼저 터를 잡고 서원을 배치한 것으로 보인다.

섬계서원과 은행나무

서원 뒤 담장 모서리에 위치한 은행나무

부여 주암리 은행나무

Ginkgo Tree of Juam-ri, Buyeo

수종 은행나무(*Ginkgo biloba*)　　**소재지** 충남 부여군 내산면 주암리 148-1

크기 나무높이 23.0m, 가슴높이 둘레 8.7m　　**지정일** 1982. 11. 09.

주암리 은행나무는 아주 많은 이야기를 전하고 있는 나무다.

백제 성왕 때 웅진(熊津, 공주)에서 사비(泗沘, 부여)로 수도를 옮길 때, 좌평(佐平)을 지낸 맹씨(孟氏) 성(姓)의 사람이 심었다고 한다. 이것이 사실이라면 나이 약 1,500살로, 우리나라에서 나이가 제일 많은 은행나무가 된다.

백제가 망할 때, 신라가 망할 때 그리고 고려가 망할 때는 칡넝쿨이 이 나무를 감았다고 한다. 인근의 스님이 목재로 쓰려고 이 나무의 가지를 베다가 갑자기 정신을 잃어, 사찰의 증축 공사를 중단했다고 한다. 전염병이 창궐할 때도 이 마을은 화를 면했고, 일제 강점기에 징용으로 끌려간 마을 사람들은 모두 무사히 돌아왔다고 한다.

8·15 광복 무렵에는 태풍으로 가지가 많이 부러졌고, 6·25 한국전쟁에도 큰 피해를 입었다. 박정희 전 대통령이 시해당한 1979년 10월 26일에는 바람이 불지 않았는데도 큰 가지가 부러졌다고 한다.

나무 아래 '杏檀(행단)'

은행을 맺는 암나무다

2011. 02. 08.

2021. 08. 11.

화순 야사리 은행나무

Ginkgo Tree of Yasa-ri, Hwasun

수종 은행나무(*Ginkgo biloba*)
크기 나무높이 20.0m, 가슴높이 둘레 11.0m
소재지 전남 화순군 이서면 야사리 182-1
지정일 1982. 11. 09.

야사리 은행나무는 성종(재위 1469~1494) 때 마을이 들어서면서 심은 나무로, 나이는 약 550살로 추정하고 있다.

이 나무 몸통에서는 아주 흥미로운 모습을 볼 수 있다.

밑동에서 나온 맹아(萌芽)가 위로 자라 Y자 모습을 이루면서 여성을 의미하고, 줄기에서 아래로 늘어진 바로 그곳의 유주(乳柱)는 남성의 성기 모양을 하고 있다. 이런 나무는 다산(多産)을 상징하는 신목(神木)으로, 아들을 갖게 한다는 영험한 나무다.

마을 사람들은 해마다 정월 대보름에 당산제(堂山祭)를 지내고 있다.

남성을 의미하는 유주

2010. 11. 23.

2025. 03. 04.

강진 성동리 은행나무

Ginkgo Tree of Seongdong-ri, Gangjin

수종 은행나무(*Ginkgo biloba*)
크기 나무높이 26.5m, 가슴높이 둘레 7.6m
소재지 전남 강진군 병영면 성동리 70
지정일 1997. 12. 30.

성동리 은행나무가 있는 병영면(兵營面)은 네덜란드의 하멜(Hamel) 일행이 1656년 3월부터 1663년 2월까지 약 7년 동안 머물렀던 곳이다.

하멜 일행은 이곳에서 생활하면서 큰 은행나무를 봤다고 『하멜 표류기(漂流記)』에 기록하고 있는데, 마을 사람들은 나이 약 800살의 이 나무가 표류기에 나오는 은행나무라고 한다. 하멜 일행은 이 나무 아래 고인돌에 앉아 떠나온 고향을 그리워했다.

전하는 이야기에 의하면, 전라 병마절도사(兵馬節度使)로 부임한 관리가 강풍으로 부러진 이 나무의 가지로 목침(木枕)을 만들었다고 한다. 그러자 악몽으로 깨기를 반복하면서 잠을 못 자는 것은 물론, 머리가 어지러워 업무를 제대로 볼 수가 없었다. 그러던 차에 지나던 스님이 "목침을 은행나무에 돌려주고, 예를 갖춰 잘못을 비는 제사를 지내면 병이 낫는다"라고 했다. 스님의 말을 그대로 따랐더니 감쪽같이 병이 나았다고 한다. 까치도 이 나무에는 집을 짓지 않았다는 이야기도 전하고 있다.

2009. 11. 22.

하멜이 앉아 고향을 그리워했다는 나무 아래 고인돌

2016. 11. 08.

함양 운곡리 은행나무
Ginkgo Tree of Ungok-ri, Hamyang

수종 은행나무(Ginkgo biloba)
크기 나무높이 31.2m, 가슴높이 둘레 9.0m
소재지 경남 함양군 서하면 운곡리 779
지정일 1999. 04. 06.

운곡리 은행나무는 운곡(雲谷)마을이 생길 때, 마을의 지형을 살려 한가운데에 의도적으로 심은 나무다.

운곡마을은 '은행마을', 마을 옆을 흐르는 하천은 '은행천'으로 부르고 있을 정도로, 이 은행나무가 차지하는 위상은 매우 크다.

마을은 배가 떠나가는 풍수지리설의 행주형(行舟形)이고, 돛대 역할을 하면서 마을을 지키는 것이 이 은행나무다. 예전에 나무 옆에 우물을 팠더니 송아지가 빠져 죽었다고 한다. 배 밑에다 구멍을 뚫은 것으로 생각해 바로 메웠다고 한다. 나이는 약 800살로 추정하고 있다.

2009. 10. 07.

2014. 10. 28.

2015. 11. 03.

영월 하송리 은행나무
Ginkgo Tree of Hasong-ri, Yeongwol

수종 은행나무(*Ginkgo biloba*)
크기 나무높이 23.0m, 가슴높이 둘레 15.0m
소재지 강원 영월군 영월읍 하송리 128-7
지정일 1962. 12. 07.

하송리 은행나무가 있는 곳은 원래 대정사(對井寺) 절터였으나, 세월이 지나면서 주택이 들어서고 도로로 둘러싸이게 되었다.

신령스러운 뱀이 나무에 살고 있다고 알려져 있다. 그래서 개나 닭이 나무 가까이 가지 않고 주변에는 개미도 없다. 새도 집을 짓지 않는다고 하는데, 아주 크고 위엄 있는 나무이기에 이런 소문이 생긴 것이다.

온 치성을 다해 빌면 아들을 얻는다고 하고, 아이들이 나무에서 놀다 떨어져도 다치지 않는다고 알려진 아주 영험한 나무다. 영월엄씨 시조 나성군(奈城君)이 심었다는데, 나이는 1,000살 이상으로 추정하고 있다.

2022. 03. 11.

영월엄씨 시조 나성군이 심은 나무다

2010. 09. 27.

금산 요광리 은행나무

Ginkgo Tree of Yogwang-ri, Geumsan

수종 은행나무(*Ginkgo biloba*) **소재지** 충남 금산군 추부면 요광리 329-8

크기 나무높이 24.3m, 가슴높이 둘레 13.2m **지정일** 1962. 12. 07.

요광리 은행나무는 나이 1,000살 이상으로, "부러진 가지로 3년 동안 밥상과 관 37개를 만들어 마을 사람들이 나눠 가졌다"라는 믿을 수 없지만 아주 구체적인 내용을 전하는 나무다.

500여 년 전에 전라감사(全羅監司)를 지낸 오씨(吳氏) 성(姓)의 사람이 이 나무 옆에 정자를 짓고 '행정(杏亭)'으로 불렀다고 한다. 지금 보이는 '행정헌(杏亭軒)' 육각 정자의 시초다.

김종직(金宗直)과 이이(李珥)는 이곳에 큰 은행나무가 있다는 기록을 남겼다고 하니, 당시에도 품격 높은 유명한 나무였음을 짐작할 수 있다.

아둔한 아이를 나무 밑에 세워 두면 머리가 좋아지고, 나뭇잎을 삶아 먹으면 기침과 가래 해소에 큰 효험이 있고, 정성을 다해 치성을 드리면 아들을 낳고, 큰일이 있으면 소리를 내어 미리 알리고, 전염병이 돌아도 사흘 간격으로 제사를 지내면 피할 수 있다는 등, 여러 이야기를 전하고 있는 아주 신령스러운 나무다.

2009. 11. 04.

재해를 예방하기 위해 오래전에 가지 일부를 솎아 냈다

2024. 07. 31.

구미 농소리 은행나무

Ginkgo Tree of Nongso-ri, Gumi

수종 은행나무(*Ginkgo biloba*)
크기 나무높이 24.6m, 가슴높이 둘레 13.4m
소재지 경북 구미시 옥성면 농소리 474
지정일 1970. 06. 03.

농소리 은행나무가 있는 곳은 예전에 절터였던 것으로 추측된다. 아직도 뒷산 골짜기를 '바윗골 절터 양지'로 부르고 있다.

　주변에 옛 돌담의 흔적이 있고 여기저기에 비석 조각이 흩어져 있으나, 예전의 사찰과 이 나무의 관계는 알 수가 없다.

　400여 년 전에 마을에 살던 엄씨(嚴氏)가 심었다고 하는데, 웅장한 수형의 나무 크기나 상태로 보아 나이는 그 이상으로 추정하고 있다.

　사람들은 마을을 지키는 동신목(洞神木), 당산목(堂山木), 서낭목(城隍木)으로 생각해, 해마다 10월 10일에 제례(祭禮)를 지내고 있다.

2021. 09. 01.

새로 나온 맹아(萌芽)가 아주 높게 자랐다

2010. 10. 30.

당진 면천 은행나무
Ginkgo Tree in Myeoncheon-myeon, Dangjin

수종 은행나무(*Ginkgo biloba*)
수량/크기 2그루/남쪽 나무의 높이 23.2m, 북쪽 나무의 높이 20.6m
소재지 충남 당진시 면천면 성상리 772-1
지정일 2016. 09. 06.

면천 은행나무는 고려의 개국공신이자 면천복씨(沔川卜氏)의 시조(始祖)인 복지겸(卜智謙, ?~?)과 연관된 나무다.

복지겸이 노후에 고향 면천으로 귀향해 큰 병을 앓아 모든 약이 효과가 없었다. 효심이 깊은 딸 영랑(影浪)이 병을 고치게 해달라고 아미산(峨眉山)에 올라 백일기도를 드렸다. 기도가 끝나는 날 산신령이 나타나, "집 앞에 은행나무를 심고 아미산의 진달래꽃과 안샘(내정, 內井)의 물로 술을 빚어 아버지께 드리면 병이 낫는다"라고 했다. 그대로 따랐더니 거짓말처럼 병이 나았다는 것이다.

나이 약 1,100살로 추정되는 면천 은행나무는 2그루로, 진달래꽃으로 담근 '면천(沔川) 두견주(杜鵑酒)'와 함께 이곳을 대표하는 명물이다.

영랑이 집 앞에 심었다는 은행나무는 옛 면천초등학교 운동장에 우뚝 서 있다. 초등학교 교가에 "천 년의 은행나무는 우리들의 기상!"이라는 가사가 나오고, 학교를 상징하는 교목(校木)은 '은행나무'다.

일제 강점기에는 백로가 날아와 장관을 이뤘다는데, 당시 조선총독부가 지정한 '보호수'였다. 1990년에 '충청남도 기념물'로 지정되고, 2016년에 '천연기념물'로 승격되었다. 이 나무를 보존하고자 만든 '면천 은행나무 사랑회'는 해마다 정월 대보름 앞날에 목신제(木神祭)를 지내고 있다. 면천복씨 후손들이 직접 제사를 지내고, 제사가 끝난 뒤에는 주민들과 함께 어우러지는 뒤풀이가 이어진다.

북쪽 나무는 높이 20.6m, 가슴높이 둘레 6.1m, 남쪽 나무는 높이 23.2m, 가슴높이 둘레 5.8m 정도로, 두 나무 모두 어른 여러 명이 두 팔을 뻗어야 할 정도로 굵다. 커다란 공동을 드러내며 오랜 세월을 함께한 두 나무는 서로를 의지하면서 웅장한 자태를 숨기지 않고 있다.

면천 두견주

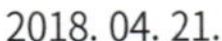

2018. 04. 21.

인천 장수동 은행나무

Ginkgo Tree of Jangsu-dong, Incheon

수종 은행나무(*Ginkgo biloba*) **소재지** 인천광역시 남동구 장수동 63-2

크기 나무높이 28.2m, 가슴높이 둘레 9.1m **지정일** 2021. 02. 08.

장수동 은행나무는 밑동에서 5개로 고르게 갈라진 줄기가 솟아오르는, 웅장하고도 정연한 모습을 보이고 있다. 그런데 여느 은행나무와 다르게, 가지는 버드나무(*Salix pierotii*)처럼 아래로 축 늘어지는 특이한 모습을 보이는 나무다. 가지 자람을 비롯한 생육상태는 좋은 편이고, 나이는 약 800살로 추정하고 있다.

인천대공원이 근접해 있어 많은 사람들이 찾는 나무로, '장수동(長壽洞)' 지명은 아주 오래 사는 이 은행나무와 연관이 있다.

마을을 지키는 신령스러운 나무로, 사람들은 집안에 액운이 있거나 마을에 나쁜 일이 생기면, 이 나무에 제물을 차리고 치성을 올렸다.

이런 믿음이 지금까지 이어져 해마다 음력 칠월 초하루에, 마을의 안녕과 평안을 기원하는 동제(洞祭)를 지내고, 음식을 나누면서 이웃 간의 친목을 도모하고 있다. 함부로 잎을 따거나 가지를 꺾으면 나쁜 일이 생긴다는 금기(禁忌)도 전하고 있다.

2023. 06. 02.

아래로 늘어지는 가지가 특징이다

2024. 11. 07.

동
백
나
무

동백나무(*Camellia japonica*)는 살을 에는 혹한에도 아름다운 꽃을 피우는, 매서운 겨울철을 대표하는 꽃나무다. 서양에는 원래 동백나무가 없었다. 체코의 선교사로 필리핀에 주로 거주하면서 아시아의 식물들을 수집했던 카멜(Georg Joseph Kamel, 1661~1706)이, 일본에서 자라는 동백나무를 수집해 17세기에 유럽에 소개했다.

속명(*Camellia*)은 선교사 '카멜(Kamel)', 종명(*japonica*)은 원산지 '일본(Japan)'에서 유래한 것이다. 종명(種名)이 일본 원산이라고 해서 일본에서만 자라는 나무가 아니다. 일본을 비롯해 중국 남부와 우리나라의 따뜻한 섬이나 바닷가에 주로 자라는 나무다. 섬이나 바닷가에서 붉은 꽃을 피우므로 '해홍화(海紅花)'라고도 한다.

나무 이름 '동백(冬柏)'은 '겨울 측백나무' 또는 '겨울 잣나무'라는 뜻이다. '柏'은 '측백 柏'으로 측백나무(*Platycladus orientalis*)를 뜻하나, 잣나무(*Pinus koraiensis*)를 뜻하기도 한다. '柏'은 '栢'으로 쓰기도 한다.

측백나무와 잣나무는 사시사철 푸르고 기품이 있어, 변치 않는 선비의 지조나 여인의 절개와 같은 상징적 의미를 갖는다. 동백나무는 추울수록 더 진하게 꽃을 피우는, 매서운 겨울철을 대표하는 꽃나무이므로 '동백(冬柏)' 이름이 생긴 것이다.

동백나무가 꽃을 피우는 시기는 하필이면 칼바람이 부는 매서운 겨울이다. 꽃은 피었지만 꽃가루를 날라야 할 벌과 나비는 여태껏 잠을 자고 있다. 이가 없으면 잇몸이 대신한다. '동박새(*Zosterops japonicus*)'가 이런 벌과 나비를 대신한다.

짙붉은 꽃잎과 진노랑 꽃술에 이끌린 동박새는 동백꽃의 탐스러운 꿀통을 빨아 배고픔을 해결하고, 그 보답으로 동백꽃의 수정을 도와 열매를 맺게 한다. 이것이 동백나무와 동박새의 공생관계다.

동박새는 벌과 나비처럼 많지 않아 수정할 기회가 적기 때문에, 동백꽃은 대단히 많은 꽃술로 수정 확률을 높이고 있다. 꽃가루를 나르는 동박새를 매개로 수분(受粉)이 이루어지는 꽃을 '조매화(鳥媒花)'라 하고, 북한에서는 '새나름꽃'이라 한다.

옛날 바닷가 왕국에 품성이 고약한 왕과 덕망이 높은 동생이 있었다. 왕은 인기가 없었지만 동생은 백성으로부터 존경을 받았다. 왕은 동생에게 왕위를 뺏길 거라는 강박관념에 사로 잡혀있었다. 결국 반역죄의 누명을 씌어 동생을 죽이기로 결심했다.

사악한 왕 앞에 끌려온 동생에게, 가족을 칼로 죽이고 그 칼로 자결하도록 명령했다. 왕의 명령을 따를 수밖에 없었던 동생이 눈물을 머금고 칼을 자기 아들에게 겨누는 순간, 아들은 새가 되어 저 멀리 날아갔다.

스스로 목숨을 끊은 동생의 무덤에서는 짙은 핏빛으로 물든 새빨간 동백꽃이 피어났다. 동박새로 변한 아들은 아버지를 찾아 동백꽃에 모여 들었다

동백꽃은 장미꽃이나 벚꽃처럼 꽃잎 하나하나가 낱장으로 흩날리며 떨어지는 것이 아니고, 통꽃의 꽃송이가 어느새 통째로 툭 떨어진다.

꽃핀 화려한 시절이 순식간에 꽃이 없는 평범한 일상으로 되돌아가는 것이다. 이는 사람의 부귀영화는 어느 한순간이라는 『반야심경(般若心經)』의 '색즉시공(色卽是空) 공즉시색(空卽是色)'과 상통해, 사찰에서는 동백나무를 쉽게 볼 수 있다.

어떤 사람들은 "동백나무는 꽃이 세 번 핀다"라고 한다. 나무에서 한 번! 땅에 떨어져서 또 한 번! 그리고 그 떨어진 꽃을 보는 사람의 마음에서 다시 또 한 번! 그런데 마지막 꽃인 사람의 마음에 핀 꽃은 어느 누구도 꺾을 수가 없다.

현재 '나주 송죽리 금사정 동백나무', '서천 마량리 동백나무 숲', '고창 선운사 동백나무 숲', '강진 백련사 동백나무 숲', '광양 옥룡사지 동백나무 숲', '옹진 대청도 동백나무 자생북한지(自生北限地)', '거제 학동리 동백나무 숲 및 팔색조 번식지' 7곳이 천연기념물로 지정되어 있다. 나주 금사정 동백나무는 한 그루의 나무(單木)가, 나머지 6곳은 군락(群落)을 이루는 숲이 천연기념물로 지정되어 있다.

나주 송죽리 금사정 동백나무

Common Camellia of Geumsajeong Pavilion in Songjuk-ri, Naju

수종 동백나무(*Camellia japonica*)   **소재지** 전남 나주시 왕곡면 송죽리 130

크기 나무높이 6.3m, 수관폭 8.0m, 밑동둘레 2.4m   **지정일** 2009. 12. 30.

중종 14년(1519) 기묘사화(己卯士禍) 때 조광조(趙光祖)를 따르던 나주 출신의
유생 11인이 개혁 정치가 실패하자 낙향해, 영산강이 내려다보이는 곳에
'금사정(錦社亭)'을 짓고 '금강계(錦江契)'를 조직해 활동했다.

금강계 11인은 정치의 비정함을 한탄하고 다음을 기약한다는 의미로,
굳건한 우의를 상징하는 동백나무를 심었는데, 금사정 동백나무는 500년
이 지난 지금도 변치 않는 선비의 기상을 꽃 피우고 있다.

금사정 동백나무는 동백나무 한 그루가 천연기념물로 지정된 유일한
경우다. 천연기념물로 지정될 정도로 아주 잘생긴 나무로, 사방 어디에서
봐도 시각적 균형이 돋보이는 늠름한 모습이다.

우리나라를 대표하는 별서(別墅)로 명승(名勝)으로 지정된 '담양 소쇄원(瀟
灑園)'과 함께 기묘사화와 연관된 역사적 가치, 크고 오래된 동백나무로서
의 학술적 가치, 그리고 사방 정연한 수형의 동백나무가 갖는 경관적 가치
가 매우 큰 나무다.

기묘사화와 연관된 소쇄원

미래를 기약해 변치 않는 뜻으로 늘푸른 동백나무를 심었다   2021. 10. 07.

서천 마량리 동백나무 숲

Forest of Common Camellias in Maryang-ri, Seocheon

수종 동백나무(*Camellia japonica*)   **소재지** 충남 서천군 서면 마량리 313-4

수량/크기 82그루/나무높이 2.0~3.0m   **지정일** 1965. 04. 07.

마량리 동백나무 숲은 동백나무가 자라는 서해의 북쪽 한계선 가까이에 있어, 지리적으로 식물분포학적 가치가 매우 큰 숲이다.

3월부터 5월 초순까지 상당히 늦게까지 피는 이곳의 동백나무는, 세찬 바닷바람을 맞아 높이 2.0~3.0m 정도로 키가 작다. 밑동에서 여러 개로 갈라진 줄기는 옆으로 퍼지고 곁가지가 발달한 모습을 보이고 있다.

약 300년 전에 이곳의 수군첨사(水軍僉使)가 바다에 떠 있는 꽃을 건져 마을에 심으면, 무사히 고기를 잡고 마을이 번성한다는 꿈을 꾸었다고 한다. 꿈에서 본 꽃을 건져 심은 것이 지금의 동백나무 숲이다. 마을 사람들은 동백나무로 둘러싸인 바닷가 사당(祠堂)에서 해마다 정월 초하루에 고기를 많이 잡고 무사 귀환을 바라는 풍어제(豊漁祭)를 지내고 있다.

이곳은 옹진 대청도의 동백나무와 함께, 세계에서 추위에 제일 강한 동백나무다. 추운 지방에서 조경수(造景樹)로 활용할 수 있는 내한성(耐寒性) 동백나무 개발을 위한 우리의 귀중한 국가유산이자 유전자원이다.

바닷가에 세운 동백정

2019. 04. 04.

풍어제 사당과 동백나무 숲

고창 선운사 동백나무 숲

Forest of Common Camellias at Seununsa Temple, Gochang

수종 동백나무(*Camellia japonica*) **소재지** 전북 고창군 아산면 삼인리 산68(선운사)
지정면적 35,596m² **지정일** 1967. 02. 17.

선운사(禪雲寺) 동백나무 숲은 백제 위덕왕 24년(577)에 창건한 선운사 대웅보전, 관음전과 영산전 뒤쪽에, 도솔산(兜率山) 아래 비탈을 따라 폭 30m 정도의 띠 모양으로 길게 펼쳐져 있다.

대략 3,000여 그루에 이르는 나무들의 평균 높이는 6.0m 정도다. 주로 섬이나 바닷가에 자연림(自然林)으로 분포하는 동백나무가, 내륙에 이렇게 대규모 인공림의 형태로 남아 있는 경우는 거의 없다.

이 동백나무 숲은 아름다운 사찰경관을 이루어 '사찰림(寺刹林)'으로서의 경관적, 역사적, 문화적 가치와 함께, 내륙의 북쪽 한계에 조성된 '인공림(人工林)'으로서의 생물학적 가치가 매우 큰 숲이다.

동백기름은 오래전부터 식용이나 약용은 물론 등불을 밝히는 등잔기름, 고운 머릿결로 다듬는 머릿기름으로 사용해 왔다. 그래서 쓸모 많은 이 고급 기름을 얻기 위해 동백나무를 많이 심었다.

이 숲에 대한 기록은 없으나, 스님들이 선운사 살림에 보태기 위해 동백나무를 심은 것으로 알려져 있다. 불을 막고 오래 견디는 '방화림(防火林)', '내화림(耐火林)'의 역할도 했다.

도솔산 선운사

미당 서정주(徐貞柱)는 "선운사 골째기로 선운사 동백꽃을 보러 갔더니…"로 시작하는 「선운사 동구」라는 시를 발표했다. 가수 송창식(宋昌植)이 1986년에 「선운사」라는 노래를 불러, 이곳의 동백나무 숲이 사람들에게 널리 알려졌다. 송창식은 애잔한 목소리로 동백꽃 지는 모습을 '눈물처럼 후두둑 지는 꽃'으로 노래했다. 눈물처럼 후두둑 지는 동백꽃은 가장 화려한 순간에 꽃송이가 툭 통째로 떨어져 생을 마감한다.

이곳은 4월이 개화 절정기로, 겨울에 피는 '동백(冬柏)'보다는 봄에 피는 '춘백(春柏)'이 한층 어울리는 이름의 숲이다.

통째로 툭 떨어지는 꽃

선운사 살림에 보태고 불을 막기 위해 동백나무를 심었다

동백나무 숲은 도솔산 아래 비탈을 따라 띠 모양으로 길게 펼쳐져 있다

강진 백련사 동백나무 숲

Forest of Common Camellias at Baengnyeonsa Temple, Gangjin

수종 동백나무(*Camellia japonica*) **소재지** 전남 강진군 도암면 만덕리 산55-1(백련사)
지정면적 49,886m² **지정일** 1967. 02. 17.

백련사 동백나무 숲은 백련사와 다산초당을 잇는 길에 동백나무 1,500여 그루가 물결을 이루는 숲이다. 이 숲은 정약용(丁若鏞)과 초의선사(草衣禪師)가 교류했던 '사색의 숲'이고 '철학의 숲'이며 '구도의 숲'이다. 아무 말 없이 사색하며 걸어야 숲길의 즐거움이 배가 된다.

아주 오래전부터 숲길 중간에 살짝 드러나는 아늑한 강진만(康津灣)의 풍광은 대단히 유명했는데, 문인 성임(成任)과 임억령(林億齡)은 이를 보지 못한 아쉬움을 글로 남겼다고 한다. 이런 경관의 아름다운 동백숲이 있어, 2025년 강진군은 군목(郡木)을 '은행나무'에서 '동백나무'로 바꾸었다.

숲길에 드러난 강진만

2021. 08. 19.

광양 옥룡사지 동백나무 숲

Forest of Common Camellias at Ongnyongsa Temple Site, Gwangyang

수종 동백나무(*Camellia japonica*)　　**소재지** 전남 광양면 옥룡면 추산리 산35-1

지정면적 151,676m²　　**지정일** 2007. 12. 17.

8세기 초 통일신라시대에 창건된 옥룡사(玉龍寺)는 풍수지리설(風水地理說)의 대가로 널리 알려진 '도선(道詵)'이 35년(864~898) 동안 머물면서 제자를 양성하고 입적한 유서 깊은 곳이다.

고려 태조 왕건은 도선의 풍수지리설을 신봉해 『훈요십조(訓要十條)』를 만들었고, 고려 인종은 도선을 선각국사(先覺國師)로 추증했다.

현재 옥룡사지(玉龍寺址)는 '사적(史蹟)'으로, 옥룡사지 동백나무 숲은 '천연기념물(天然記念物)'로 중복 지정된 아주 중요한 국가유산이다.

도선은 백운산(白雲山) 지맥에 해당하는 옥룡사의 땅 기운을 북돋우기 위해 동백나무(Camellia japonica)를 심어 숲을 만들었고, 차나무(Camellia sinensis) 밭을 일구어 차(茶)를 보급한 것으로 알려져 있다.

전설에 의하면 이곳은 원래 큰 연못이었는데, 연못에 사는 9마리 용이 사람들을 괴롭혔다. 도선이 용을 몰아냈는데, 용 비늘 번들거리는 백룡(白龍)이 끝까지 저항했다. 지팡이로 용의 눈을 멀게 하고 연못을 끓게 해, 백룡을 쫓아 버렸다. 연못 물을 빼 흙을 채우고 숯으로 터를 다져, 용 이름의 옥룡사를 세웠다고 한다.

1878년의 화재로 옥룡사는 터만 남기고 사라져 버렸지만, 100살을 훌쩍 넘는 7,000여 그루의 동백나무가 천 년 이상의 세월에 짙푸른 숲을 이루고, 사철 내내 초록의 기운을 땅에 드리우고 있다. 1997년의 발굴 조사로 옥룡사 건물이 자리잡았던 터를 찾아냈다.

한편, 노무현 전 대통령은 2001년 8월 이곳에 들러 샘물을 마셨다. 이후 대통령에 당선되면서 물을 마신 샘은 '소망의 샘'으로 불리게 되었고, 풍수지리설에 따른 땅의 기운과 물의 기운이 함께하는 길지(吉地)라는 믿음은 한층 굳어졌다.

입구 환경조형물

2019. 08. 30.

2020. 03. 17.

이
팝
나
무

이팝나무(*Chionanthus retusus*)는 온 세상을 하얗게 물들이는 눈송이 꽃나무다.

5월 초순부터 꽃이 피기 시작해 10여 일 동안 잎이 거의 안 보일 정도로 온 나무를 뒤덮고, 은은한 꽃향기는 주변을 적시고 멀리까지 퍼진다. 개화기간은 길지 않은 편이고, 꽃말은 '순결', '평화', '소박한 행복', '영원한 사랑'이라고 한다. 요즘은 지구온난화로 4월 하순에 개화가 시작되는 경우가 흔하다.

물푸레나무과(Oleaceae)의 낙엽활엽교목(落葉闊葉喬木)인 이팝나무 이름에 대해서는 대략 3가지 설이 있다.

첫째, 이팝나무는 24절기 중 여름이 시작된다는 입하(立夏) 무렵에 꽃이 핀다. 입하 무렵에 꽃이 피는 '입하나무'가 발음이 변해 이팝나무로 되었다는 것이다. 한자는 '立夏木'으로 쓰기도 한다.

둘째, 이팝나무는 이밥처럼 하얀 꽃이 피는 '이밥나무'가 변했다는 것이다. 이밥은 입쌀로 지은 밥이다. 쌀을 찰기에 따라 찹쌀과 멥쌀로 구분하는데, 멥쌀을 북한에서는 입쌀이라고 한다.

셋째, 쌀이 남아도는 요즘과 달리, 태조 이성계(李成桂)의 조선시대에는 쌀이 무척 귀했다. 이런 귀한 쌀밥을 일반 서민들은 먹지 못하고, 왕족인 이씨(李氏) 성을 가진 사람들만 먹었다. 이래서 이씨가 먹는 쌀밥이라는 '이밥나무'에서 유래했다고 한다.

이런 나무 이름과 연관해 애틋한 이야기가 전해 온다.

옛날 옛적 어느 마을에서의 일이다. 시어머니는 며느리에게 끊임없이 트집을 잡아 구박하고 시집살이를 시켰다. 시어머니의 갖은 학대로 며느리는 항상 허기진 배로 죽도록 일만 했다. 하루는 부엌일을 하다 선반에 놓인 하얀 쌀밥에 그만 눈길이 갔다. 굶기가 다반사로 끼니를 거른 상태였기에 너무나 배가 고팠다.

며느리는 망설임 끝에 표가 안 나도록 밥알 몇 개를 먹다가 시어머니에게 들켜 버렸다. 크게 혼쭐이 난 며느리는 그만 목을 매고 말았다. 며느리가 죽은 무덤가에는 하얀 쌀밥처럼 생긴 꽃이 수북하게 핀 나무가 자라났다.

마을 사람들은 하얀 쌀밥에 한이 맺혀 죽은 며느리가 환생한 나무라 생각했다

박근혜 전 대통령은 아버지 박정희 전 대통령(1917~1979)이 우리 국민을 배고픔에서 해결했다고 생각해, 이를 상징하는 나무로 이팝나무를 청와대 경내에 심었다.

같은 꽃을 보면서도 문화권에 따라 사람들은 각기 다른 모양을 떠올렸다. 배고팠던 우리는 먹거리인 '하얀 쌀밥'으로 생각했지만, 배불렀던 서양 사람들은 낭만적인 '하얀 눈송이'로 생각했다.

속명(屬名, *Chionanthus*)은 'chion(하얀 눈)'과 'anthos(꽃)'가 합쳐진 것으로, 하얀 눈송이 꽃이라는 뜻이다. 그래서 영어 이름은 눈송이 꽃 'Snow flower tree', 가늘고 하얀 꽃 'White fringe tree'가 된다.

종명(種名, *retusus*)은 '약간 오목한'의 뜻으로, 오목한 모양의 잎을 나타낸다.

현재 '고창 중산리 이팝나무'를 비롯해 '순천 평중리 이팝나무', '김해 신천리 이팝나무', '김해 천곡리 이팝나무', '양산 신전리 이팝나무', '진안 평지리 이팝나무 군(群)', '포항 흥해향교 이팝나무 군락(群落)', '광양읍수(邑樹)와 이팝나무' 8개소가 천연기념물로 지정되어 있다.

비교적 오래 사는 나무라고 하지만, 느티나무나 은행나무에 견줄 정도로 오래 사는 나무는 아니다. 현재 천연기념물로 지정된 나무들은 대부분 나이가 너무 많아 생육 상태가 좋지 못한 편이다. 특히 양산 신전리 이팝나무, 진안 평지리 이팝나무 군, 광양읍수와 이팝나무는 심각한 상황이다. 전국적으로 200살이 넘는 이팝나무 노거수(老巨樹)는 20여 그루 있다고 한다. 이런 나무 중에서 국가 자연유산의 가치가 있는 나무는 조속히 '자연유산의 보존 및 활용에 관한 법률'에 따라 보호받아야 할 것이다.

고창 중산리 이팝나무

Retusa Fringe Tree of Jungsan-ri, Gochang

수종 이팝나무(*Chionanthus retusus*) **소재지** 전북 고창군 대산면 중산리 314

크기 나무높이 10.8m, 가슴높이 둘레 3.1m **지정일** 1967. 02. 17.

중산리 이팝나무가 있는 마을 사람들은 이 나무를, 마을을 지켜주고 소원을 들어주는 영험한 당산목(堂山木), 동신목(洞神木), 서낭목(城隍木)으로 생각했다. 해마다 이팝나무 꽃이 피는 시기가 다가오면, 풍년을 기원하며 온 마음을 모아 꽃이 많이 피기를 바라는 제례(祭禮)를 지내고 있다.

농사짓는 사람들은 이팝나무 꽃이 활짝 피면 풍년이 들고, 잘 피지 않으면 흉년이 드는 것으로 생각했다. 한결같은 이런 믿음은 벼농사로 생활했던 농경사회에서 오랜 세월을 거친 경험에서 나온 것이다.

이팝나무는 호습성(好濕性) 수종으로, 습기가 있는 곳을 좋아하는 나무다. 비가 많이 와 물이 풍족하면 꽃이 많고 활짝 피며, 물이 부족하면 꽃이 드문드문 적게 핀다. 특히 모내기 철에는 비가 어느 정도 와, 논에 물이 많아야 풍년이 든다. 이런 이유로 이팝나무는 풍년을 점치는 기상목(氣象木)의 역할을 하게 된다.

이와 달리, 상수리나무(*Quercus acutissima*)는 비가 많이 오면 수분(受粉)을 위한 꽃가루가 멀리 날아갈 수 없다. 그래서 비가 많이 오면 도토리를 적게 맺고, 비가 적게 와야 도토리를 많이 맺는다.

비가 적게 오면 이팝나무 꽃이 잘 피지 않고 모내기도 지장을 받아 흉년이 드는데, 도토리 생산량은 예년보다 오히려 많아 구황식품(救荒食品)으로서의 효용이 돋보이게 된다.

나이는 300살 정도로 추정하고 있다. 나무높이 10.8m, 가슴높이 둘레 3.1m 정도로, 천연기념물로 지정된 이팝나무 가운데 제일 작은 나무다. 제일 작지만 다른 나무에서는 좀처럼 볼 수 없는, 사방 대칭에 의한 완벽한 균형미를 자랑하고 있다. "작은 고추가 맵다" 속담에 빗대면, "작은 중산리 이팝나무가 특히 아름답다"가 된다.

이팝나무 꽃

이팝나무 열매, 단풍

김해 천곡리 이팝나무

Retusa Fringe Tree of Cheongok-ri, Gimhae

수종 이팝나무(*Chionanthus retusus*)　　**소재지** 경남 김해시 주촌면 천곡리 885

크기 나무높이 17.0m, 가슴높이 둘레 각각 3.5m, 4.2m　　**지정일** 1982. 11. 09.

천곡리 이팝나무 주변은 도시화가 급격히 진행되는 곳으로, 천연기념물로 지정된 이 나무가 갖는 의미와 가치는 한층 높아지고 있다.

지면에서 2개로 갈라진 줄기가 비스듬하게 쭉 뻗어, 나무는 V자 모습을 보이고 있다. 나이는 약 500살로 추정하는데, 초록 잎이 파릇한 봄날에 하얀 눈송이가 내리면, 마을 사람들은 친목을 도모하고 마을의 안녕을 기원하는 제례를 지낸다.

전국의 천연기념물 이팝나무 8곳 가운데 김해(金海)에 2곳이 있을 정도로, 김해는 이팝나무로 유명한 곳이다. 눈송이처럼 소담스럽고 하얀 꽃은 김해가 누리는 특화된 시각적 매력이다. 지금은 이팝나무 꽃이 더 이상 하얀 쌀밥으로 보이지 않는 배부른 시대다. 이러한 시대적 흐름에 따라, 2024년 김해시는 시목(市木)을 '은행나무'에서 '이팝나무'로 바꾸었다.

희고 풍성한 꽃은 풍요로운 김해평야를 의미하고, 긴 생명력과 오랜 역사는 가야(伽耶) 왕도(王都) 김해의 영원한 발전을 상징한다.

2018. 05. 04.

2017. 05. 11.

2019. 05. 14.

팽
나
무

외

예천 금남리 황목근(팽나무)

Hwangmokgeun(East Asian Hackberry) in Geumnam-ri, Yecheon

수종 팽나무(*Celtis sinensis*) **소재지** 경북 예천군 용궁면 금남리 696

크기 나무높이 14.8m, 가슴높이 둘레 5.8m **지정일** 1998. 12. 23.

황목근이 있는 금남마을 사람들은 1939년 마을 공동의 토지를, 마을을 지키는 동신목(洞神木) 팽나무 앞으로 등기하기로 결정했다.

토지를 등기하려니 나무는 이름이 필요했고, 이 나무가 5월에 노랗게(黃) 꽃이 피는 근본(根) 있는 나무(木)라는 뜻에서 '황목근(黃木根)'으로 이름을 지었다. 이로써 나무는 근본 있는 사람이 되었다.

황목근은 우리나라에서 재산세를 가장 많이 내는 '담세목(擔稅木)'으로, 나이는 약 500살로 추정하고 있다. 줄기는 썩어 여러 번의 외과수술로 노쇠한 모습을 감추지 않고 있다. 언제 수명을 다할지 모르는 상태가 되었으나, 그나마 다행스럽게도 재산을 물려받을 후계목(後繼木)이 옆에서 씩씩하게 자라고 있다.

1988년 황목근 주변에서 싹이 터 자라는 묘목을 2002년 지금의 자리로 옮겨 심었다. 이름은 만수무강 음(音)을 빌려 '황만수(黃萬樹)'로 지었다. 황목근과 황만수, 모두 지키고 가꾸어야 할 소중한 우리의 자연유산이다.

아주 쇠약한 모습이다

2011. 01. 30.

2021. 08. 12.

창원 북부리 팽나무

East Asian Hackberry of Bukbu-ri, Changwon

수종 팽나무(*Celtis sinensis*)

크기 나무높이 16.0m, 수관폭 27.0m, 가슴높이 둘레 6.8m

소재지 경남 창원시 의창구 대산면 북부리 102-1

지정일 2022. 10. 07.

북부리 팽나무는 '우영우 팽나무'로 널리 알려진 나무다. 2022년에 방영된 TV 드라마 「이상한 변호사 우영우」의 폭발적인 인기에 힘입어, 인증사진을 남기려는 수많은 사람들로 크게 몸살을 앓았던 나무다.

팽나무(*Celtis sinensis*)는 주로 바다와 강이 만나는 포구(浦口)에서 크게 자라는 나무다. 열매는 철새들의 좋은 먹이가 되고, 그늘은 사람들의 훌륭한 쉼터가 된다. 낙동강변 넓은 들판의 동부마을 높은 언덕에 위치한 이 나무는 오랫동안 농사를 지어왔던 마을의 중심이었다.

이 나무가 드라마에 등장하면서 이제껏 당산제(堂山祭)를 지낸 역사적 가치, 크고 오래된 팽나무가 갖는 학술적 가치, 낙동강을 조망하고 주위와 조화를 이루는 경관적 가치가 새롭게 인정받았다.

주민들의 적극적인 참여와 문화재청(국가유산청), 창원시와의 긴밀한 협의로 재산권의 피해와 갈등을 미리 해결했다. 이런 과정을 거쳐 드라마가 방영된 그해 10월, 비교적 빠른 기간에 천연기념물로 지정된 나무다.

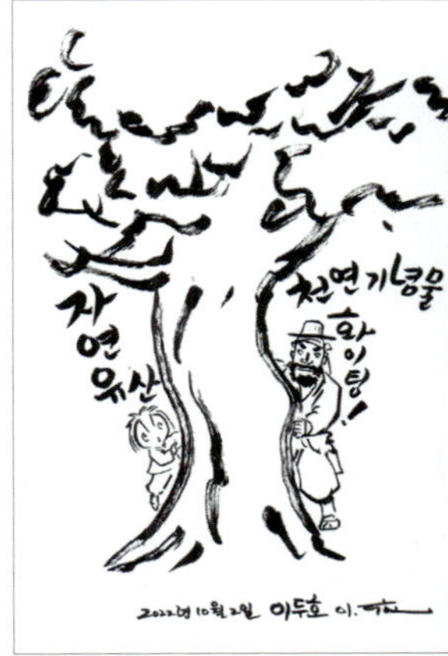

천연기념물 지정 기념 드로잉

팽나무 아래 펼쳐진 낙동강변의 들판

2024. 05. 09.

군산 하제마을 팽나무

East Asian Hackberry of Hajemaeul, Gunsan

수종 팽나무(*Celtis sinensis*) **소재지** 전북 군산시 옥서면 선연리 산205

크기 나무높이 20.0m, 가슴높이 둘레 7.5m **지정일** 2024. 10. 31.

황석영의 소설 『할매』의 모티프가 된 '하제마을 팽나무'는 실제 생장추(生長錐)로 나이를 측정해 본 팽나무 중에서 가장 나이가 많은 나무다. 한국임업진흥원에서 2020년에 측정한 결과 537(±50)살로 나타났다.

이 나무가 있는 곳은 원래 '무의인도(無衣人島)'로 불리는 섬이었으나, 일제 강점기에 간척사업으로 주변이 육지로 변하면서 작은 어촌(漁村)이 되었다. 한동안 마을 사람들은 고기를 잡으며 생계를 꾸려 왔다. 이후 새만금방조제가 만들어지면서 마을은 급격히 바뀌기 시작했다. 방조제 건설로 생활의 터전이었던 어업이 어려워지자 점차 마을을 떠나기 시작했다. 더구나 인근의 미군 탄약고가 안전거리 확보라는 명분으로 확장되면서, 마을이 강제로 수용되어 떠날 수밖에 없었다.

이 나무는 마을이 겪은 내력과 항상 궤를 같이해 왔다. 외딴섬에 태어나 어린 시절을 보내고, 항구가 생겨 사람들로 들끓던 시절부터 사람들이 하나둘 떠나며 사라져간 지금까지, 500여 년이 넘는 세월을 마을과 함께해 왔다. 마을에서 일어난 모든 일을 지켜보며 마을을 굳건히 지켜온 나무다. 마을의 공동체가 붕괴되고 마을의 역사가 사라진 지금, 이 팽나무가 유일하게 마을의 삶을 기억하는 소중한 자연유산이다.

줄기에 유난히 깊게 드러난 굴곡진 주름은 나무가 겪은 이력의 흔적으로 남아 있다. 배가 떠내려가지 않도록 밧줄로 배를 묶어 두는 '계선주(繫船柱)' 역할을 하던 나무였고, 2갈래로 갈라진 줄기에서 나오는 잎을 비교해 풍년을 점치는 '기상목(氣象木)' 역할을 하던 나무였다. 아주 큰 나무로 자랐지만 자연을 축소한 분재처럼 섬세한 아름다움이 돋보이는 모습이다.

근래의 '팽팽문화제'와 더불어 마을 사람들의 삶과 함께한 나무로, 그 이야기를 미래세대에 생생하게 전달할 역사적 가치가 매우 큰 나무다.

2024. 05. 08.

팽팽문화제 포스터

영암 월곡리 느티나무

Saw-leaf Zelkova of Wolgok-ri, Yeongam

수종 느티나무(*Zelkova serrata*)

크기 나무높이 22.0m, 수관폭 35.0m, 가슴높이 둘레 8.8m

소재지 전남 영암군 군서면 월곡리 747-2

지정일 1982. 11. 09.

월곡리 느티나무(*Zelkova serrata*)는 마을 사람들의 쉼터 역할을 하는 정자나무(亭子木)이면서 마을을 지켜 주는 당산나무(堂山木)다.

농사를 짓던 사람들은 뜨거운 햇볕을 피해 나무 아래에서 휴식을 취했다. 아이들에게는 더없이 좋은 놀이터였다. 인근 서호면의 '엄길리 느티나무'와 함께, 마을의 안녕과 풍년은 물론, 여러 재해나 질병으로부터 마을을 지켜 달라고 비는 신령스럽고 영험한 나무였다.

나이는 약 550살로 정월 대보름과 명절에는 흥겨운 농악과 함께, 금줄을 치고 제단에 음식을 차려 당산제(堂山祭)를 지내고 있다.

2009. 09. 26.

2017. 05. 03.

담양 대치리 느티나무

Saw-leaf Zelkova of Daechi-ri, Damyang

수종 느티나무(*Zelkova serrata*) **소재지** 전남 담양군 대전면 대치리 788(한재초등학교)

크기 나무높이 23.9m, 가슴높이 둘레 10.4m **지정일** 1982. 11. 09.

큰 대(大)와 언덕 치(峙)의 '대치리(大峙里)'는 '큰 언덕이 있는 마을'이라는 뜻이다. 이런 대치(大峙)의 순우리말은 '한재'가 된다.

느티나무가 있는 한재초등학교는 예전에 한재골이었다. 태조 이성계가 나라를 세우려고 전국을 순례하던 중, 큰 언덕 한재골에 심은 나무가 대치리 느티나무라고 한다. 이를 근거로 나이는 약 650살로 추정하고 있다.

장하다 오백 년을 푸르게 사는, 우람찬 느티나무 마음의 표상,

들어라 한잿골에 저 바람소리, 이 고장 새 역사는 우리 손으로…

초등학교 시절 교가를 힘차게 불렀던 졸업생들은 지금도 이 나무에 올라 놀았던 추억을 잊지 않는다. 교가의 500년 나이와는 차이가 있지만, 이성계가 큰 뜻을 품고 심었다고 알려진 대치리 느티나무가, 지금은 아이들에게 이 고장의 새 역사를 쓴다는 큰 꿈을 심어 주고 있다.

2009. 09. 06.

2009. 10. 28.

나무에 지내는 당산제가 마을 축제가 된다

2022. 03. 08.

남원 진기리 느티나무

Saw-leaf Zelkova of Jingi-ri, Namwon

수종 느티나무(*Zelkova serrata*)
크기 나무높이 21.3m, 가슴높이 둘레 8.7m
소재지 전북 남원시 보절면 진기리 495
지정일 1982. 11. 09.

진기리 느티나무는 세조 때 힘이 장사로 알려진 '우공(禹貢)'이라는 무관(武官)이 뒷산에서 나무를 뽑아 마을의 정자나무(亭子木)로 심은 것이라고 한다. 우공은 마을을 떠나면서 나무를 잘 보호하라는 말을 남겼다.

그는 이시애의 난(1467) 평정에 큰 공을 세웠고, 이후 경상좌도 수군절도사(水軍節度使)를 지냈다. 단양우씨(丹陽禹氏) 후손들은 그를 기리는 사당을 짓고, 그가 심었다는 이 나무를 정성껏 보호하고 있다.

아름다운 수형의 경관적 가치, 크고 오래된 나무가 갖는 학술적 가치, 마을 입지와 나무 역할을 나타내는 역사적 가치가 큰 느티나무다.

2021. 07. 21.

2011. 10. 20.

강진 사당리 푸조나무

Muku Tree of Sadang-ri, Gangjin

수종 푸조나무(*Aphananthe aspera*) **소재지** 전남 강진군 대구면 사당리 51-1

크기 나무높이 18.8m, 가슴높이 둘레 10.5m **지정일** 1962. 12. 07.

프랑스 자동차 '푸조(PEUGEOT)'와 이름이 같은 푸조나무(*Aphananthe aspera*)는 수형과 잎은 느티나무를, 열매는 팽나무를 닮은 나무다.

푸조나무는 3곳이 천연기념물로 지정되어 있는데, 이곳 사당리 푸조나무가 지정일이 가장 빠르고 수형과 생육상태가 가장 좋다.

나무는 당전마을 앞을 지나는 도로 건너 대구천(大口川) 쪽에 위치해 있다. 마을의 중심이자 마을을 지켜 주는 '토지와 나무의 신(社樹之神)'인 '당산목(堂山木)'으로, 마을 이름 '당전(堂前)'은 나무와 연관된 것이다.

예부터 정월 대보름에 음식을 차리고 마을의 안녕과 풍년을 기원하는 당산제(堂山祭)를 지냈다. 제사가 끝나면 풍성한 뒤풀이가 이어졌다. 젊은 이들은 무거운 돌을 드는 '들독놀이'로 힘겨루기를 하기도 했다.

사방 어디에서 봐도 나무는 아름다운 모습을 잃지 않는다. 이런 나무가 있는 것 자체가 마을의 자랑이다. 마을을 넘어 강진(康津)의 자랑이고, 강진을 넘어 남도(南道)의 자랑이고 우리의 자랑이다.

토지와 나무의 신

2015. 05. 22.

2016. 11. 08.

함안 영동리 회화나무
Pagoda Tree of Yeongdong-ri, Haman

수종 회화나무(Styphnolobium japonicum)
수량/크기 나무높이 16.5m, 가슴높이 둘레 6.0m
소재지 경남 함안군 칠북면 영동리 901
지정일 1982. 11. 09.

영동리 회화나무(*Styphnolobium japonicum*)는 성균관 훈도(訓導)를 지낸 안여거(安汝居)가 1482년 이곳에 정착하면서 심은 나무로 알려져 있다.

광주안씨(廣州安氏) 후손 안종창(1865~1918)의 『괴정기(槐亭記)』에는 이 나무에 관한 내용이 잘 나타나 있다.

2012. 10. 06.

우리 마을에는 회화나무 한 그루가 있다. 크기는 수십 아름, 높이는 수백 척이 되어 그늘이 수백 명을 덮는다. 조용하면 피리 소리가 들리고, 오래 앉아 있으면 서리나 눈처럼 한기가 밀려온다. 사람들이 주위에 평평한 대(臺)를 만들어 더위 피하는 장소로 삼고, 이름을 괴정(槐亭)이라 했다. 봄이 오면 쟁기를 지고 오다가다 쉬며, 여유가 있으면 한가롭게 막걸리를 마시고 북을 치며 풍년을 즐기고, 가을이 끝나면 짐승을 잡아 제사를 지내 마을의 무탈과 내년의 풍년을 기원한다. 우리 마을 사람들은 이 나무를 이렇게 사랑하는 것이다.

세상의 이해득실과 아무런 관계없이 백 년, 천 년이 지나도 사랑하는 것이다. 나는 이곳에 대대로 살면서 이 회화나무에 정을 붙이고 사는 사람이므로, 사실을 기록해 이 나무를 사랑하는 이유를 알린다

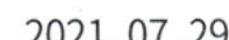

2021. 07. 29.

槐亭(괴정)의 '槐(괴)'는 정자 역할을 하는 '느티나무'나 '회화나무'를 가리킨다. 나무 이름 '회화'는 한자 '槐花(괴화)'를 발음하면서 생긴 것으로 '회나무', '홰나무'라고도 한다.

예부터 사람들은 회화나무를 행운을 부르는 '길상목(吉祥木)'으로 여겨, 집이나 마을에 심으면 가문이 번창하고 큰 인물이 난다고 생각했다. 영동리 회화나무는 이런 뜻을 담아 마을 입구에 정자나무로 심은 것이다.

창덕궁 회화나무 군(群)

Population of Pagoda Trees in Changdeokgung Palace

수종 회화나무(*Styphnolobium japonicum*)
수량/크기 8그루/나무높이 15.0~16.0m, 가슴높이 둘레 2.3~3.5m

소재지 서울특별시 종로구 율곡로 99(창덕궁)
지정일 2006. 04. 06.

창덕궁(昌德宮) 회화나무 군은 돈화문(敦化門) 서쪽 담장을 따라 서 있는 회화나무 노거수 8그루를 가리킨다. 임진왜란으로 불에 타 버린 창덕궁을 다시 지을 때 심은 것으로, 나이는 400살 이상으로 추정하고 있다.

돈화문 주변은 조정(朝政)의 신료(臣僚)들이 집무하는 관청이 있는 외조(外朝)에 해당하는 곳이다. 이곳에 회화나무를 심은 것은 중국 궁궐 건축의 기준이 되는 『주례(周禮)』에 따른 것이다.

2017. 05. 05.

궁궐 정문 안쪽에 괴목을 심고, 그 아래에서 3정승이 나랏일을 논했다

괴목(槐木)인 회화나무를 정승의 고귀한 나무로 여긴 궁궐에는 오래된 회화나무가 많다. 궁궐 밖 선비들의 공간에도 이 나무를 즐겨 심었다. 임금이 회화나무를 하사하기도 했다. 이래서 사대부의 집이나 향교, 서원에서는 이 나무를 쉽게 볼 수 있다.

예부터 회화나무는 아무 곳에다 함부로 심는 싸구려 나무가 아니었다. 공자가 제자를 가르쳤다는 은행나무와 함께, 회화나무는 학문을 뜻하는 '학자수(學者樹)'로 생각했다. 서양 사람들은 이 나무를 'Scholar tree', 'Pagoda tree'라 한다.

2021. 08. 04.

회화나무 가지는 구불구불한 용(龍)의 모습이고, 전체 수형은 크고 웅장하다. 노란빛이 약간 도는 꽃은 한여름에 하얗게 피는데, 화려함과는 거리가 먼 담백한 느낌이다.

회화나무를 뜻하는 한자 '槐(괴)'는 나무 '木(목)'과 귀신 '鬼(귀)'가 합쳐진 것이다. 귀신을 막거나 쫓는 나무로, 벽사(辟邪)와 축귀(逐鬼)의 상징적 의미도 담아 창덕궁 입구에 심은 것이다.

2023. 01. 26.

창덕궁 향나무

Chinese Juniper of Changdeokgung Palace

수종 향나무(*Juniperus chinensis*) **소재지** 서울특별시 종로구 율곡로 99(창덕궁)

크기 나무높이 4.7m, 가슴높이 둘레 3.5m **지정일** 1968. 03. 09.

향나무(*Juniperus chinensis*)는 제사 때 피우는 향(香)으로 사용하는 나무다. 향을 피우는 것은 천지신명과 연결하는 통로로, 신을 불러오고 정신을 맑게 해서 부정을 없애는 것이다. 제례(祭禮)나 왕릉(王陵)과 연관된 나무로, 종묘(宗廟)를 비롯해 의릉, 태릉, 남양주 홍유릉, 여주 영릉, 영월 장릉, 화성 융건릉 등에서 오래된 향나무를 볼 수 있다.

봉모당(奉謨堂) 마당에 있는 이 향나무는 선원전(璿源殿)과 연관이 깊다. 선원전은 역대 왕들의 어진(御眞)을 모시고 제사를 지내던 진전(眞殿)이다. 종묘는 궁궐 밖에 있는 국가 차원의 공식 사당이고, 선원전은 궁궐 안에 있는 왕실 사당이다. 1820년대 창덕궁의 모습을 그린 「동궐도(東闕圖)」에도 이 나무가 나타나 있는데, 나이는 약 750살로 추정하고 있다.

2010년 9월 태풍 곤파스(Kompasu)로 위로 뻗은 줄기의 1/2 정도가 부러졌지만, 나무가 지닌 기품과 위용은 잃지 않았다. 줄기와 가지는 비틀어지고 구부러져, 하늘에 오르는 용의 모습에 비유하기도 한다.

태풍 피해 전의 모습

2017. 05. 05.

2022. 05. 26.

순천 송광사 천자암 쌍향수(곱향나무)
Pair of Chinese Junipers
at Cheonjaam Hermitage of Songgwangsa Temple, Suncheon

수종 곱향나무(*Juniperus communis* var. *saxatilis*)
수량/크기 2그루/평균 나무높이 12.0m, 평균 가슴높이 둘레 3.7m
소재지 전남 순천시 송광면 이읍리 1(천자암)
지정일 1962. 12. 07.

승보사찰 송광사(松廣寺)에 딸린 천자암의 창건 설화에 의하면, 보조국사(普照國師) 지눌(1158~1210)이 금(金)나라에 가서 왕비의 병을 고쳐준 인연으로 금나라 왕자와 함께 귀국하였다고 한다. 이곳에 이르러 암자를 짓고, 자신들이 짚고 온 지팡이를 나란히 꽂았다.

왕자가 암자를 지어 '천자암(天子庵)'이 되었고, 나란히 꽂은 2개의 지팡이는 뿌리를 내려 쌍으로 서 있는 곱향나무 '쌍향수(雙香樹)'가 되었다. 함께 귀국한 금나라 왕자는 제자 담당국사(湛堂國師)로 알려져 있다.

보조국사와 담당국사를 의미하는 쌍향수는 제자가 스승에게 공손히 절을 하는 모습이라고 한다. 특히 심하게 꼬인 줄기가 인상적인 나무로, 2002년에 문화재청(국가유산청)은 '아름답고 희귀한 나무'로 선정했다.

곱향나무(*Juniperus communis var. saxatilis*)는 향나무보다 잎이 짧은 것이 특징이다. 우리는 곱향나무를 이곳에서만 볼 수 있는데, 북한은 함경북도 명천군 사리 지역의 군락지를 천연기념물로 지정해 보호하고 있다고 한다.

심하게 꼬인 줄기

2022. 03. 29.

2012. 09. 06.

창원 신방리 음나무 군(群)
Population of Castor Aralias in Sinbang-ri, Changwon

수종 음나무(*Kalopanax septemlobus*) **소재지** 경남 창원시 의창구 동읍 신방리 652

수량/크기 4그루/나무높이 15.0~16.0m, 가슴높이 둘레 3.2~3.7m **지정일** 1964. 01. 31.

음나무(*Kalopanax septemlobus*)는 어릴 적 수피에 가시가 발달하는 나무다. 가시가 크고 굵은 음나무 회초리는 아주 엄한 회초리가 되므로 엄한 나무 '엄나무'라고도 한다.

예부터 사람들은 집 안으로 들어오던 귀신의 도포 자락이 가시에 걸린다고 생각해, 대문 근처에 음나무를 심거나 음나무 가지를 걸어 두었다.

짙은 향과 쌉싸름한 맛이 돋보이는 음나무 새순과 백숙에 즐겨 넣는 음나무 가지는 아주 좋은 식재료가 되므로, 큰 음나무가 군락으로 남아 있는 경우는 거의 찾기 어렵다.

신방리 음나무 군은 도로변 비탈에 4그루가 자연 발아된 어린 음나무들과 함께 자라고 있다. 사람들의 출입이 어려운 급경사면에 위치하고, 마을을 지키고 귀신을 쫓는 영험한 나무로 여겼기 때문에 지금까지 군락 상태를 유지하고 있다. 나이는 약 400살로 추정하는데, 우리 옛 생활과 음식 문화를 알 수 있어 역사적, 민속적 가치가 크다.

음나무 꽃, 단풍

2018. 05. 26.

2021. 09. 01.

안동 대곡리 굴참나무

Cork Oak of Daegok-ri, Andong

수종 굴참나무(*Quercus variabilis*) **소재지** 경북 안동시 임동면 대곡리 583
크기 나무높이 22.5m, 가슴높이 둘레 5.4m **지정일** 1982. 11. 09.

굴참나무(*Quercus variabilis*)는 줄기에 뚜렷하게 골이 지고, 수피(樹皮)에 코르크(cork)층이 발달하는 참나무다. 나무 이름 '굴참'은 골이 지는 참나무 '골참'에서 유래한 것이다.

이 나무의 코르크층 껍질을 벗겨 지붕을 덮은 집이 '굴피집'이다. 굴피집은 굴피나무(*Platycarya strobilacea*)로 만든 집이 아니다.

현재 천연기념물로 지정된 '낙엽(落葉) 참나무류(類)'는 갈참나무 1곳, 굴참나무 4곳, 졸참나무 1곳이다. 이 중에서 이곳 대곡리 굴참나무가 가장 크고 생육상태가 제일 좋은 나무다. 나이는 약 500살로 알려져 있는데, 약간 과장된 것으로 보인다.

정월 초하루나 대보름에 제사를 지내는 대부분의 나무와 달리, 이 마을 사람들은 농사일을 마치고 한가한 날을 택해, 나무 주변의 무성한 풀을 깎고 음식을 마련해 마을의 안녕을 비는 동제(洞祭)를 지내고 있다. 이 나무에 소쩍새가 와 울면 풍년이 든다는 이야기를 전하고 있다.

굴참나무 단풍, 수피

2016. 10. 27.

마을을 내려다보는 비탈에 위치해 있다

함평 기각리 붉가시나무 자생북한지(自生北限地)

Nothernmost Population of Red-wood Evergreen Oaks in Gigak-ri, Hampyeong

수종 붉가시나무(*Quercus acuta*) **소재지** 전남 함평군 함평읍 기각리 산12-2

지정면적 3,842m² **지정일** 1962. 12. 07.

가시나무, 참가시나무, 개가시나무, 종가시나무, 졸가시나무, 붉가시나무
는 도토리를 맺는 '상록(常綠) 참나무류(類)'다. 이런 나무들은 추위에 약해,
제주도를 비롯한 남쪽 바다의 섬과 바닷가에 주로 자란다.

'붉가시나무(*Quercus acuta*)' 이름은 '목재가 붉은 가시나무'에서 유래한
것이다. 이 나무는 재질이 단단하고 잘 쪼개지지 않으며 탄력성과 내구성
이 좋아 건축재, 선박재, 가구재, 기구재 등으로 활용된다.

쓰임새가 많은 붉가시나무는 특히 빨리 자라, 가시나무류 가운데 가장
경제성이 좋은 나무다. 지구온난화로 기후대가 바뀌면서, 남부지방의 대
표적인 조림(造林) 권장 수종이 되었다.

현재 천연기념물로 지정된 가시나무류는 이곳이 유일한데, 나이는 250
살 정도로 추정하고 있다. 육지에서는 붉가시나무가 자랄 수 있는 북쪽 한
계가 된다. 식물분포학적으로 학술적 가치를 인정받아, 1962년에 천연기
념물로 지정되어 보호받는 '늘푸른 숲'이다.

붉가시나무 잎, 열매

2021. 10. 07.

재질이 좋고 빨리 자라 목재로의 활용이 높다

해남 대둔산 왕벚나무 자생지(自生地)

Natural Habitat of Korean Flowering Cherries in Daedunsan Mountain, Haenam

수종 왕벚나무(*Prunus × yedoensis*)
지정면적 32,397m²
소재지 전남 해남군 삼산면 구림리 산24-1
지정일 1966. 01. 13.

대둔산(大屯山) 왕벚나무 자생지는 지리적으로 식물분포학적 가치가 매우 큰 곳이다. 왕벚나무는 우리나라에 선교사로 온 프랑스 신부 '타케(Emile Joseph Taquet, 1873~1952)'가 1908년 한라산(漢拏山)에서 처음 발견했다. 한라산에서 채집한 새로운 벚나무를 동정(同定)하고자, 표본을 독일 베를린대학교에 보냈다.

독일로부터 이 나무는 몇 년 전 도쿄에서 발견한 '소메이요시노(そめいよしの)'와 같은 종(種)이라는 회신이 왔다. 그래서 '우리 왕벚나무'는 '일본 소메이요시노'와 같은 나무로, 같은 학명(*Prunus* × *yedoensis*)을 쓰게 되었다.

원래부터 자랐던 곳을 찾지 못한 소메이요시노와 달리, 우리는 한라산에서 왕벚나무 자생지를 발견했다. '종명(*yedoensis*)'에 도쿄의 옛 이름 '에도(*yedo*)'가 들어 있고 먼저 발견했지만, 이 나무의 원산지(原産地)는 일본이 아니고 자생지(自生地)가 확인된 우리나라다.

오랫동안 왕벚나무는 한라산에만 자라는 것으로 알려져 왔다. 그런데 1965년 4월에 이곳 해남 대둔산에서도 왕벚나무가 자라는 것이 밝혀졌다. 현재 '제주 신례리 왕벚나무 자생지', '제주 봉개동 왕벚나무 자생지' 그리고 이곳의 3곳이 천연기념물로 지정되어 있다. 제주 한라산뿐만 아니라 육지인 대둔산에서도 왕벚나무가 자란다는 것은, 우리나라가 왕벚나무의 자생지라는 사실을 다시 확인하는 데 큰 의의가 있다.

자생지 논란 이후, 2018년에는 이제껏 같은 나무로 알았던 왕벚나무와 소메이요시노가 유전적으로 서로 다른 나무라는 사실이 밝혀졌다. 일본은 요즘 우리와 달리, 소메이요시노 학명을 *Cerasus* × *yedoensis*로 쓰고 있다. 현재 한라산과 대둔산에 자라는 우리 왕벚나무는 '제주왕벚나무', 일본의 소메이요시노는 '왕벚나무'가 국가표준식물명이다.

왕벚나무

소메이요시노

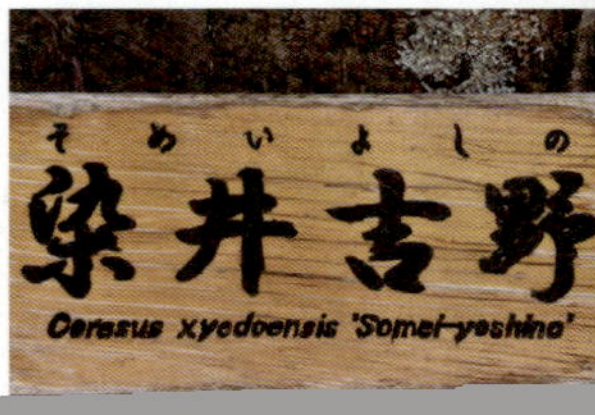

구례 화엄사 올벗나무

Wild Spring Cherry of Hwaeomsa Temple, Gurye

수종 올벗나무(*Prunus spachiana* f. *ascendens*) **소재지** 전남 구례군 마산면 황전리 20-1(화엄사)

크기 나무높이 14.0m, 가슴높이 둘레 각각 1.2m, 2.1m **지정일** 1962. 12. 07.

올벚나무(*Prunus spachiana f. ascendens*)를 비롯한 벚나무류(類) 나무들은 생활에 필요한 가구나 농기구를 만드는 나무였다. 오랜 세월 뒤틀림 없는 '해인사 팔만대장경판'은 대부분 벚나무류 나무로 만든 것이다.

병자호란으로 선양(瀋陽)에 볼모로 잡혔던 효종(재위 1649~1659)은 청(淸)나라를 정벌할 북벌계획(北伐計劃)을 세우고, 활을 만들 벚나무류 나무를 대대적으로 심었다. 목재는 탄력이 강해 활 몸체를 만들고, 땀이 차지 않고 손이 아프지 않도록 껍질로 활을 감쌌다.『세종실록』에 "벚나무 껍질인 화피(樺皮)는 활을 감는 용도로 쓴다"라는 기록이 있고,『난중일기』에도 "군수물자 화피 89장을 받았다"라는 기록이 있다.

효종의 북벌계획에 공감한 화엄사 벽암(碧巖, 1574~1659) 스님이 당시 벚나무류 나무를 많이 심었는데, 그중에서 살아남은 한 그루가 천연기념물 '구례 화엄사 올벚나무'다. 2갈래로 자란 이 나무는 지장암(地藏庵) 법당 뒤에 위치해 있다. 올벚나무는 '꽃이 일찍 피는 벚나무'라는 뜻이다.

둥근 꽃받침통이 특징

2022. 04. 07.

천연기념물로 지정된, 지장암 뒤 '구례 화엄사 올벚나무'

순천 선암사 선암매(仙巖梅)

Seonammae Plum of Seonamsa Temple, Suncheon

수종 매실나무(*Prunus mume*)　　**소재지** 전남 순천시 승주읍 죽학리 802(선암사)
수량 2그루　　**지정일** 2007. 11. 26.

김천택이 편찬한 『청구영언(靑丘永言)』에 나오는 "춘설(春雪)이 난분분(亂紛紛)하니 필동말동 하여라"의 '매화(梅花)'는 봄이 왔음을 아주 빨리 알리는 대표적인 꽃이다.

매(梅)·란(蘭)·국(菊)·죽(竹)의 사군자(四君子)는 덕망과 학식을 겸비한 사람을 일컫는 말이다. 혹독한 추위를 견디고 향내 짙은 꽃을 잎보다 먼저 내미는 매화는 고고한 선비의 꼿꼿한 기상과 기품을, 여인의 굳건한 절개와 지조를 의미한다. 이런 매화꽃이 피는 나무의 국가표준식물명은 '매화나무'가 아니고 '매실나무'다. 매화나무가 한층 귀에 익고 부르기도 쉽지만, 매화나무가 아니고 매실나무라고 해야 올바른 표현이 된다.

태고종(太古宗)의 총림 순천 선암사(仙巖寺)에는 천연기념물로 지정된 '선암매(仙巖梅)'가 있다. 선암사 이름을 딴 선암매는 음력 섣달 납월(臘月)에 아주 일찍 꽃봉오리를 터트리는 인근 금둔사(金芚寺) '납월매(臘月梅)'와 달리, 섬진강변의 매화 축제가 끝나면 꽃이 피기 시작할 정도로 개화시기가 상당히 늦은 나무다.

선암사 곳곳에 보이는 50여 그루 매실나무 중에서, 원통전(圓通殿) 담장 뒤편의 '백매(白梅)'와 각황전(覺皇殿) 담길의 '홍매(紅梅)'가 천연기념물로 지정된 선암매다.

기록이 없어 정확한 내용은 알 수 없으나, 선암매는 약 600년 전에 천불전(千佛殿) 옆 '와송(臥松)'과 함께 심어졌다고 한다.

선암매는 "매화가 필 때면 매화 보러 선암사를 찾는다"라는 말이 있을 정도로, 선암사와 오랜 세월을 함께해 왔다. 선암사 달빛에 매화가 피면, 고즈넉한 산사의 정취와 그윽한 매향(梅香)에 젖는 은근한 아름다움이 살며시 드러난다.

2015. 03. 26.

천불전 옆 '와송'

2020. 03. 17.

장성 백양사 고불매(古佛梅)

Gobulmae Plum of Baegyangsa Temple, Jangseong

수종 매실나무(*Prunus mume*) 　　**소재지** 전남 장성군 북하면 약수리 26(백양사)

크기 나무높이 5.3m, 수관폭 6.0m, 밑동둘레 1.5m 　　**지정일** 2007. 10. 08.

장성 백양사(白羊寺) 고불매(古佛梅) 안내판에는 이런 내용이 있다.

/

백양사 고불매는 350년이 넘는 동안 매년 3월 말부터 4월 초까지 아름다운 담홍색 꽃과 은은한 향기를 피우고 있는 홍매(紅梅)이며, 2007년 10월부터 국가에서 지정하여 관리되고 있다. 원래는 이곳에서 북쪽 100m 정도 떨어진 옛날 백양사 대웅전 앞뜰에 여러 그루의 매실나무를 심고 가꾸어 왔다. 그러다가 1863년 절을 옮겨 지을 때 홍매와 백매(白梅) 한 그루씩을 이곳에 옮겨 심었는데, 백매는 죽고 지금은 홍매만 남아 있다. 1947년 만암 대종사가 부처님의 원래 가르침을 기리자는 뜻으로 백양사 고불총림(古佛叢林)을 결성하면서, 이 나무가 고불의 기품을 닮았다고 '고불매(古佛梅)'라 부르기 시작했다. 매화를 좋아하는 사람들은 '호남 5매'로, 이 '고불매'를 비롯해 '선암사 무전매', '전남대학교 홍매', '담양 지실마을 계당매', '소록도 수양매'를 꼽는다. 나무높이는 5.3m, 밑동둘레는 1.5m, 수관폭은 동서 6.3m, 남북 5.7m이다. 백양사를 대표하는 나무이므로 병충해를 방제하고, 상처 난 줄기에 외과수술도 하고, 줄기가 찢어지지 않도록 지주를 받쳐주는 등, 지속적으로 관리하고 있다

/

2022. 11. 02.

2023. 09. 26.

태풍으로 죽은 소록도 수양매를 대신해 '화엄사 홍매(紅梅)'가 새로 호남 5매에 들었다. 꽃 색깔이 유난히 검붉어 '흑매(黑梅)'라고도 한다.

2024년 화엄사 홍매는 기존의 천연기념물 '구례 화엄사 매화(梅花)'와 함께, '구례 화엄사 화엄매(華嚴梅)'라는 이름으로 천연기념물로 지정되었다. 천연기념물 '구례 화엄사 화엄매'는 기존의 '구례 화엄사 매화'와 신규로 지정된 '구례 화엄사 홍매' 2곳을 통합해 부르는 명칭이다.

화엄사 홍매

천안 광덕사 호두나무

Chinese Walnut of Gwangdeoksa Temple, Cheonan

수종 호두나무(*Juglans regia*)

크기 나무높이 18.2m, 가슴높이 둘레 각각 1.8m, 2.8m

소재지 충남 천안시 동남구 광덕면 광덕리 641-6(광덕사)

지정일 1998. 12. 23.

고려 충렬왕 16년(1290)에 통역관 유청신(柳淸臣)이 원(元)나라에서 귀국하면서 호두나무(*Juglans regia*)의 묘목과 열매를 가져와, 묘목은 광덕사(廣德寺)에 심고 열매는 광덕면 매당리 고향집에 심었다고 한다.

이 나무를 선생의 후손과 마을 사람들이 정성껏 가꾸어서, 광덕면은 호두의 시배지(始培地)이자 주요 생산지(生産地)가 되었다.

천안 명물 '호두과자'가 우연히 생긴 게 아니다. 어머니 품속 같은 아늑한 산세와 오밀조밀한 계곡의 맑은 물을 간직한 광덕산 기슭의 토양과 기후는 호두나무 재배의 최적지가 되었다. 광덕 호두는 껍질이 얇지만 속은 꽉 차서, 최고 품질의 호두로 인정받고 있다.

나무 이름 '호두'는 '호도'가 변한 것이다. '호도(胡桃)'는 오랑캐 '호(胡)'와 복숭아 '도(桃)'가 합쳐진 것으로, 오랑캐 지방의 복숭아라는 뜻이다. 오랑캐 지방의 복숭아라고 하지만, 예부터 우리 주변에 실용의 목적으로 흔히 심었던 친숙한 나무다. 이런 호도가 '호두'로 바뀌었는데 자도(紫桃), 앵도(櫻桃)가 '자두', '앵두'로 바뀐 것과 같다.

광덕사 인근에는 송도의 황진이(黃眞伊), 부안의 이매창(李梅窓)과 함께 '조선의 3대 시기(詩妓)'로 불리는, 평안도 성천 출생의 김부용(金芙蓉, 1813~?)의 무덤이 있어 발길을 끈다.

보화루(普化樓) 앞의 천연기념물 '천안 광덕사 호두나무'는 나이 약 400살로 추정하고 있다. 나무 앞에는 '유청신 선생 호두나무 시식지(始植地)' 비석이 있지만, 선생이 심은 나무는 아니다.

광덕사 호두나무는 신라의 고승 자장율사(慈藏律師, 590~658)가 창건한 광덕사에서 오랜 세월 많은 사람들의 지속적인 관심과 보살핌을 받는 등 역사적, 문화적 가치가 매우 큰 나무다.

호두나무 잎, 열매

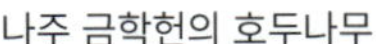

나주 금학헌의 호두나무

2018. 11. 17.

진안 은수사 청실배나무
Ussuri Pear of Eunsusa Temple, Jinan

수종 청실배나무(*Pyrus ussuriensis* var. *ovoidea*)　　**소재지** 전북 진안군 마령면 동촌리 3(은수사)

크기 나무높이 17.6m, 가슴높이 둘레 3.0m　　**지정일** 1997. 12. 03.

태조 이성계(재위 1392~1398)가 마이산(馬耳山)을 찾아 기도하던 중, 이곳에서 은빛(銀)의 맑은 물(水)을 마셨다고 '은수사(銀水寺)'가 되었고, 씨앗을 묻은 것이 싹이 터 자란 것이 청실(靑實)배나무라고 한다.

은빛(銀) 물(水)과 푸른(靑) 열매(實), 우연이 아니다. 이성계와 연관된 전설의 나무인 만큼 불가사의한 현상이 일어난다. 몹시 추운 날 나무 아래에 물을 담아 두면, 가지를 향해 위로 고드름이 거꾸로 자란다고 한다.

금부도사 왕방연(王邦淵)은 노산군으로 강등된 단종(재위 1452~1455)을 영월 청령포까지 호송하고 한양으로 돌아오면서, "천만 리 머나먼 길에 고운 님 여의옵고…"로 시작하는 글을 쓴 사람이다. 단종에게 물 한 그릇 바치지 못했던 것이 한으로 남은 왕방연은 관직을 그만두고 배나무를 키워 생계를 꾸렸다고 한다. 그가 심은 배나무가 청실배나무로, 초야에 묻혀 청실배나무를 키웠던 곳은 지금 서울특별시 중랑구 묵동의 지하철 '먹골역' 주변이다. '먹골'은 현 '묵동'의 정감 어린 옛 지명이다.

먹골에 심었던 청실배나무를 재배하는 기술이 발달하고, 중랑천변의 토심이 깊은 사양토(砂壤土)에 뿌리를 내리면서, 청실배는 과즙이 많고 식감이 아주 부드러운 배가 되었다. 먹골의 청실배가 엄청나게 맛있는 배로 소문나면서, 이름은 자연히 재배지 이름을 따 '먹골배'가 되었다.

'청실배나무(*Pyrus ussuriensis* var. *ovoidea*)'는 오늘날 '먹골배나무'의 원종(原種)에 해당하는 나무다. 분류학적으로 청실배나무는 '산돌배나무(*Pyrus ussuriensis*)'의 변종(變種)이다. 현재 산돌배나무 2곳, 청실배나무는 이곳을 포함해 2곳이 천연기념물로 지정되어 있다.

우리가 먹는 개량종 배나무에 밀려 대부분의 원종이 사라진 지금, 은수사 청실배나무가 갖는 의미는 대단히 크다.

2021. 07. 21.

2024. 03. 13.

묵동의 '먹골배' 시조 나무

의령 백곡리 감나무

Persimmon Tree of Baekgok-ri, Uiryeong

수종 감나무(*Diospyros kaki*)
크기 나무높이 15.0m, 가슴높이 둘레 4.0m
소재지 경남 의령군 정곡면 백곡리 576-1
지정일 2008. 03. 12.

얼마 전까지만 하더라도 감나무(*Diospyros kaki*)는 시골집 마당에서 흔히 보는 나무였다. '감나무 집 아저씨!'라 부르던 아주 친근한 나무였다.

당(唐)나라의 설화집 『유양잡조(酉陽雜俎)』에는 감나무를 '7절(七絶)'과 '5덕(五德)'의 나무로 나타내고 있다.

2016. 05. 11.

감나무는 수명이 길고, 여름에 그늘을 만들고, 새가 집을 짓지 못하고, 벌레가 거의 없고, 단풍이 아름답고, 열매의 맛이 좋고, 잎이 아주 두껍다. 그리고 잎이 넓어 글쓰기가 좋으니 '문(文)', 화살촉의 재료로 쓰니 '무(武)', 겉과 속이 같은 색이니 '충(忠)', 이가 없는 노인도 홍시를 먹을 수 있으니 '효(孝)', 서리 내리는 늦가을까지 가지에 달려 있으니 '절(節)'이다

전하는 이야기에 의하면, 옛날 찢어지게 가난한 청년이 공부는 하고 싶었지만 종이와 붓을 살 수가 없었다. 이웃 마을에 잔치를 연다는 소문이 들려왔다. 잔칫집에 가서 돼지 잡는 일을 도와주고, 돼지털을 얻어 붓을 만들었다. 붓은 만들었지만 종이가 없었다. 집 근처 절에 커다란 감나무가 있었다. 스님께 말씀드려 잎을 주워 와, 그 잎을 종이 삼아 열심히 글을 썼다. 이 소문이 사방으로 퍼져 왕의 귀에 들어가 청년을 불렀고, 감나무 잎에 쓴 글에 감탄을 금치 못해 벼슬을 내렸다고 한다. 이래서 감나무는 학문을 상징하는 나무가 되었다.

2024. 02. 07.

백곡리 감나무는 천연기념물로 지정된 유일한 감나무다. 나이는 약 500살로 우리나라에서 가장 큰 감나무다. 경남 산청군 남사마을의 '하씨 고가(河氏 古家) 감나무'가 약 620살이라는데 확인하기는 어렵다. 아직도 감이 열리지만, 나무 크기는 백곡리 감나무에 한참 미치지 못한다.

하씨 고가 감나무

고창 교촌리 멀구슬나무

Bead Tree of Gyochon-ri, Gochang

수종 멀구슬나무(*Melia azedarach*) **소재지** 전북 고창군 고창읍 교촌리 275-3(고창군청)

크기 나무높이 20.2m, 가슴높이 둘레 4.5m **지정일** 2009. 09. 16.

교촌리 멀구슬나무(*Melia azedarach*)는 고창군청(高敞郡廳) 바로 앞에 있다. 소나무가 고창을 상징하는 군목(郡木)이지만, 군민들이 오가는 청사 앞의 멀구슬나무는 고창의 얼굴로 살아가는 나무다.

'멀구슬나무' 이름은 말(馬)과 연관된 제주 방언 '멀쿠슬낭'에서 왔다고 한다. 열매가 말에 매다는 구슬을 닮아 '멀쿠슬', 나무의 제주 방언 '낭'이 합쳐졌다. 이런 멀쿠슬낭이 멀구슬나무로 바뀌었다. 실제는 말똥을 닮았는데 아름다운 구슬로 표현했다고도 한다.

한편 열매로 염주를 만들기도 했는데, 염주의 검은 구슬 모양을 먹구슬로 불러, '먹구슬나무'가 멀구슬나무로 바뀌었다고도 한다.

멀구슬나무를 나타내는 한자는 '棟(연)'으로, '木(목)'과 '柬(간)'이 합쳐진 것이다. '柬'은 나무에 열매가 달린 모습을 나타낸 상형문자다.

다산 정약용(1762~1836)이 강진에서 유배 생활을 하면서 쓴 '농가의 늦은 봄'이라는 「전가만춘(田家晩春)」에 이런 내용이 있다.

멀구슬나무 꽃

멀구슬나무 열매, 단풍

시비를 가리는 해치(獬豸, 해태)는 오직 멀구슬나무 잎만 먹는 것으로 알려져 있다. 황금색으로 익는 열매는 이듬해에 전년(前年)의 열매가 떨어지는 것을 보고 나서야 떨어진다. 후손을 보지 않고는 선대가 사라지지 않는다는 것으로, 영원히 존속하고 번영한다는 상징적 의미가 있다.

이 나무는 자생북한지에 위치한 유일한 천연기념물이다. 우리나라에서 가장 크고 오래된 멀구슬나무로, 나이는 약 250살로 추정하고 있다.

부산 양정동 배롱나무

Crape Myrtle of Yangjeong-dong, Busan

수종 배롱나무(*Lagerstroemia indica*)

수량/크기 2그루/동쪽 나무의 높이 7.5m, 서쪽 나무의 높이 8.5m

소재지 부산광역시 부산진구 양정1동 산73-28

지정일 1965. 04. 07.

양정동 배롱나무(*Lagerstroemia indica*)는 천연기념물로 지정된 유일한 배롱나무다. 100일(百日) 동안 붉은(紅) 꽃이 핀다는 '백일홍(百日紅)나무'를 '배기롱나무'라고 부르다, 음절이 줄어 '배롱나무'가 되었다.

속명(*Lagerstroemia*)은 스웨덴의 사업가이자 식물학자 '라게르스트롬 (Magnus von Lagerstroem, 1696~1759)', 종명(*indica*)은 원산지 '인도(India)'에서 유래한 것이다. 배롱나무에는 애틋한 이야기가 전해 온다.

배롱나무 꽃

아주 먼 옛날 어느 바닷가 마을에 언젠가부터 이무기가 나타나, 해마다 처녀를 제물로 바치지 않으면 지나가는 배들을 침몰시켜 사람들이 살 수가 없었다. 어느 해 마을 촌장의 딸이 제물로 뽑혀 마지막 단장을 하고 이무기가 나타나기를 기다리던 중, 마침 지나가던 청년이 이런 사정을 듣게 되었다. 청년은 촌장의 딸을 구하기 위해 싸워 이무기를 죽였고, 청년과 처녀는 서로 사랑하는 사이가 되었다. 그런데 청년은 왕명을 받아 다른 곳으로 가야 할 임무가 있었기에, 임무를 마치고 백 일 후에 이곳으로 돌아온다는 약속을 하고 갈 길을 떠났다.

사랑하는 사이에는 짧은 이별이라도 아주 길게 느껴지는 법이다. 백 일을 천추처럼 느낀 처녀는 기다림에 지쳐 죽고 말았다. 약속대로 백 일 후에 돌아온 청년은 처녀의 죽음을 듣고 몹시 슬퍼했다. 눈물이 떨어진 처녀의 무덤에서는 나무가 자라났다. 무덤에서 자라난 나무에서는, "이제는 백 일을 기다리겠다"는 뜻으로, 붉은 꽃이 백 일 동안 피었다

배롱나무 열매, 단풍

배롱나무는 붉은 꽃이 아주 오래 피어 있으므로, 예부터 영원한 삶을 누리고자 하는 부귀영화(富貴榮華)와 불로장생(不老長生)을 뜻하고 상징하는

배롱나무 수피

나무로 여겼다.

껍질이 벗겨져 속이 온전히 드러난 수피는 겉과 속이 모두 보이므로, 한결같은 선비의 표상인 무욕(無慾)과 청렴(淸廉)을 의미했다. 이런 까닭으로 사대부의 생활공간을 비롯해 서원과 정자, 제실이나 묘소에 즐겨 심었다. 오래된 사찰에서도 배롱나무를 쉽게 볼 수 있다. 이는 세월의 흐름에 따라 이 나무의 껍질이 벗겨지는 것을, 스님들은 백팔번뇌(百八煩惱)의 굴레를 벗어나 겉치레와 가식이 없는 무상(無常)과 해탈(解脫)에 이르는 과정으로 생각했기 때문이다.

1965년에 천연기념물로 지정된 '부산 양정동 배롱나무'는 나이 1,000살 정도로, 우리나라에서 가장 나이가 많은 배롱나무다.

고려 현종(재위 1009~1031) 때 동래(東萊) 지역의 호장(戶長)을 지낸 동래 정씨 2대 조(祖) 정문도(鄭文道)의 묘소 양옆에 한 그루씩 심었는데, 원 줄기는 오래전에 고사하고 죽은 원 줄기에서 돋아난 새 가지가 줄기로 자라 오늘에 이르고 있다.

동쪽 나무

동쪽 나무는 나무높이 7.5m로, 밑동둘레가 각각 0.6~0.9m인 줄기 5개가 모인 것이다. 나무높이 8.5m인 서쪽 나무는 밑동둘레가 각각 0.8~1.2m인 줄기 3개가 모인 것이다. 5줄기, 3줄기가 서로 모여 각기 한 나무인 듯한 모습을 보이고 있다. 동쪽 나무의 높이가 서쪽 나무보다 1.0m 정도 낮지만, 동쪽 지반이 서쪽보다 약간 높아, 양쪽 나무는 묘소를 중앙에 두고 거의 같은 높이로 좌우대칭의 모습을 보이고 있다.

서쪽 나무

묘소에 꽃이 화려하고 개화기간과 수명이 긴 배롱나무를 심은 것은, 꽃이 오래 피어 외롭지 않다는 뜻 외에도, 선조의 유훈과 은덕을 오래 기려 자손들의 영원한 부귀영화를 바라는 깊은 뜻이 담겨 있다.

2017. 07. 28.

강릉 방동리 무궁화

Rose of Sharon of Bangdong-ri, Gangreung

수종 무궁화(*Hibiscus syriacus*)

크기 나무높이 3.5m, 수관폭 5.5m, 밑동둘레 1.5m

소재지 강원 강릉시 사천면 방동리 346

지정일 2011. 01. 13.

무궁(無窮)무진하게 꽃(花)이 피는 '무궁화(無窮花)'는 개화기간이 아주 길지만 수명은 아주 짧은 나무다. 나라꽃이지만 천연기념물로 지정된 무궁화(Hibiscus syriacus)는 '강릉 방동리 무궁화' 하나밖에 없다. 2011년에 이 무궁화는 우리나라에서 가장 나이가 많다는 이유로 천연기념물로 지정되었다. 지정 당시 나이는 110살 정도로 추정했다.

2017. 07. 26.

같은 날 옹진군 백령면 연화리에 있는 무궁화도 '옹진 연화리 무궁화' 이름으로 같이 천연기념물로 지정되었다. 나이는 방동리 무궁화보다 적은 90살 정도였으나, 나무높이는 6.3m로 우리나라에서 가장 키가 큰 무궁화였다. 연화리 무궁화는 2019년에 죽어 천연기념물에서 해제되었다.

유일한 천연기념물로 남은 이 무궁화는 강릉박씨 종중(宗中) 재실에 위치해 있다. 3갈래 줄기의 가슴높이 둘레 각각 16cm, 15cm, 18cm에다 밑동둘레 1.5m 정도로, 우리나라에서 가장 굵고 나이가 많은 무궁화다.

무궁화는 꽃잎 색깔에 따라 '배달계(倍達系)', '단심계(丹心系)', '아사달계(阿斯達系)'로 구분한다. '배달계'는 꽃잎이 전부 흰색으로, 우리 민족을 나타낸 배달에서 유래한 것이다. '단심계'는 꽃잎 가운데 꽃술 부분이 붉은 것으로, 우리 민족성을 나타낸 일편단심(一片丹心)에서 유래한 것이다. '아사달계'는 꽃잎 가장자리에 색깔 무늬가 나타나는 것이다.

홍단심계 무궁화

단심계가 제일 많은데, 꽃잎 가운데 붉은 단심은 나라와 민족을 향한 불타는 열정과 애국심을 의미한다. 단심계는 꽃잎 색깔에 따라 다시 백단심계, 홍단심계, 적단심계, 자단심계, 청단심계로 세분하고 있다.

방동리 무궁화는 재래종인 분홍색 꽃잎에다 꽃술 부분이 선명하게 붉은 '홍단심계(紅丹心系)'로, 평균수명을 훨씬 지난 나이에도 불구하고 아직도 왕성하게 꽃을 피우고 있다.

정읍 내장산 단풍나무

Maple Tree of Naejangsan Mountain, Jeungeup

수종 단풍나무(*Acer palmatum*)
크기 나무높이 16.9m, 가슴높이 지름 1.0m, 밑동부분 지름 1.2m

소재지 전북 정읍시 내장동 산231(내장산국립공원 내)
지정일 2021. 08. 09.

모든 낙엽수(落葉樹, 갈잎나무)는 단풍이 드는데, '단풍(丹楓)'은 차가운 바람(風)이 불면 빨갛게(丹) 물드는 나무(木)라는 뜻이다. 은행나무는 노랗게(黃) 물드니 황풍(黃楓)이 맞지만, 모두 단풍이라고 하는 것은 단풍을 대표하는 색깔이 빨간색이기 때문이다.

단풍나무(*Acer palmatum*)는 단풍이 드는 나무 가운데 단풍이 가장 아름다운 나무이므로 단풍나무 이름을 붙인 것이다. 단풍나무는 내장산(內藏山)의 단풍경관을 이루는 대표적인 나무다. 천연기념물로 지정된 '정읍 내장산 단풍나무'는 이들 단풍나무 중에서 가장 크고 오래된 나무다.

경사가 급한 비탈에다 부서진 바위 조각들이 토양층을 이루는 악조건에서도, 사방으로 가지를 펼치며 아름다운 자태를 자랑하고 있다. 줄기와 가지는 약간 비틀린 특이한 모습이다. 나이는 300살 정도로, 노거수(老巨樹)로서의 학술적 가치와 주위와 어울리는 경관적 가치가 뛰어나, 숲이 아니고 단풍나무 한 그루(單木)로는 처음으로 천연기념물로 지정되었다.

손바닥을 닮은 단풍잎

내장산 단풍경관을 이루는 단풍나무

2022. 11. 03.

장흥 삼산리 후박나무

Machilus Trees of Samsan-ri, Jangheung

수종 후박나무(*Machilus thunbergii*) **소재지** 전남 장흥군 관산읍 삼산리 324-8
수량/지정면적 3그루/1,899m² **지정일** 2007. 08. 09.

삼산리 후박나무(*Machilus thunbergii*)는 나무 3그루가 모여 마치 한 그루의 나무로 보이는데, 가지가 옆으로 퍼져 수관폭이 아주 큰 모습이다.

녹나무과(Lauraceae)의 상록활엽교목인 후박나무는 이름처럼 후박한 느낌의 나무다. 나무 이름 '후박(厚朴)'은 두터울 '후(厚)'와 나무껍질 '박(朴)'이 합쳐진 것으로, 수피가 두꺼운 나무라는 뜻이다.

후박나무 껍질인 '후박피(厚朴皮)'는 위장병을 다스리는 대표적인 한약재다. 『동의보감』에 "후박피는 배에서 끓는 소리가 나고 체해서 소화가 안 되는 것을 낫게 하며, 위장을 따뜻하게 하고 장의 기능을 좋게 한다. 설사와 이질, 천식과 구역질에 효과가 있다"로 나와 있다.

예부터 울릉도에서는 몸에 좋은 후박피로 즙을 내 '후박엿'을 만들어 먹었다. 외지인들이 이 울릉도 전통 후박엿을 '호박엿'으로 잘못 부르면서, 몸에 좋다고 소문난 '울릉도 호박엿'으로 대단히 유명해지고, 엿 중에서 가장 맛과 품질이 좋은 엿으로 알려지게 되었다. 지금 울릉도에서는 후박나무를 보호하고 경제성을 고려해, 후박나무 대신 값싸고 구하기 쉬운 '호박'으로 울릉도 호박엿을 만들고 있다.

후박나무 새순은 불그스름한 색깔로 세상에 모습을 드러낸다. 꽃은 5월에 피고 열매는 이듬해 7월에 느긋하게 익는다. 사철 내내 초록을 드러내는 촘촘한 잎이 특히 매력적인 나무로, 제주도와 울릉도 그리고 따뜻한 남쪽의 한정된 지역에서 자란다. 몸에 좋다고 소문난 이 나무를 그대로 둘 리가 없었다. 보이는 대로 껍질을 벗겨 엿을 만들거나 약재로 사용해, 지금은 장흥 삼산리 후박나무가 천연기념물로 보호받는 시대가 되었다.

삼산리 후박나무는 1580년 경주이씨가 마을을 이루면서 동서남북으로 나무를 심었는데, 남쪽의 나무만 살아 오늘에 이르고 있다고 한다.

후박나무 꽃

후박나무 열매

통영 추도 후박나무

Machilus Tree of Chudo Island, Tongnyeung

수종 후박나무(*Machilus thunbergii*)
크기 나무높이 12.0m, 수관폭 20.0m, 가슴높이 둘레 5.0m
소재지 경남 통영시 산양읍 추도리 508
지정일 1984. 11. 19.

추도(楸島)는 나무가 이름인 섬이다. 섬 이름 '楸(추)'는 '木(목)'과 '秋(추)'가 합쳐진 것으로, '가래나무(*Juglans mandshurica*)'를 가리킨다. 그러나 가래나무가 많아야 할 추도에 가래나무는 없다.

섬 모양이 농기구 '가래'를 닮았는데, 가래가 이름인 가래나무를 뜻하는 한자(楸)를 섬(島)에 붙여 '추도(楸島)'가 되었다. 한자 이름이 있어야 격식이 있고 그럴듯한 섬이 된다고 생각한 모양이다.

미조마을 뒤쪽 나지막한 언덕에 자리잡은 추도 후박나무는 미조항과 마을을 내려다보며 시선을 끄는 랜드마크의 역할을 하는 나무다. 높이에 비해 가지가 길게 사방으로 퍼진 둥그스름한 모습이다. 같이 섞여 자라는 동백나무, 돈나무, 예덕나무, 사스레피나무 등과 함께 다층 구조를 이루어, 바닷바람을 막는 '방조림(防潮林)'의 역할을 충실히 하고 있다.

오랜 세월 외딴섬에서 거친 바닷바람을 맞고 자란 나무로 학술적, 민속적, 경관적 가치가 높아 천연기념물로 지정해 보호하고 있다.

추도의 입구 미조항

후박나무 아래 안내판

사방으로 넓고 길게 퍼진 가지

2024. 08. 04.

통영 우도 생달나무와 후박나무

Hardy Camphor and Machilus Tree of Udo Island, Tongnyeung

수종 생달나무(*Cinnamomum chekiangense*), 후박나무(*Machilus thunbergii*)
수량 생달나무 2그루, 후박나무 1그루

소재지 경남 통영시 욕지면 연화리 189-2
지정일 1984. 11. 19.

통영 연화도(蓮花島) 옆에 있는 '우도(牛島)'는 소(牛)를 닮은 섬(島)이다.

천연기념물 '통영 우도 생달나무와 후박나무'는 우도마을 위쪽 언덕에서 작은 숲을 이루는 생달나무(*Cinnamomum chekiangense*) 2그루와 후박나무(*Machilus thunbergii*) 1그루다.

1984년 11월 지정 당시에 생달나무는 3그루였으나, 2018년 8월 태풍 콩레이(Kongrey)로 1그루가 쓰러져 죽었다. 방향성(芳香性) 물질을 분비해 상큼한 향이 나는 생달나무와 후덕한 느낌의 후박나무 모두 녹나무과에 속하는 상록활엽교목이다.

이 나무들은 마을을 지키고 마을 사람들이 의지해 온 '당산림(堂山林)'이자 바닷바람을 막는 '방조림(防潮林)'이다. 생달나무는 높이 15.0m에 나이 400살, 후박나무는 높이 18.0m에 나이 500살 정도로 추정하고 있다.

주변의 동백나무, 감탕나무, 사철나무, 돈나무와 보리밥나무, 송악, 섬딸기와 같은 덩굴식물이 함께 자라 작은 마을숲을 이루고 있다.

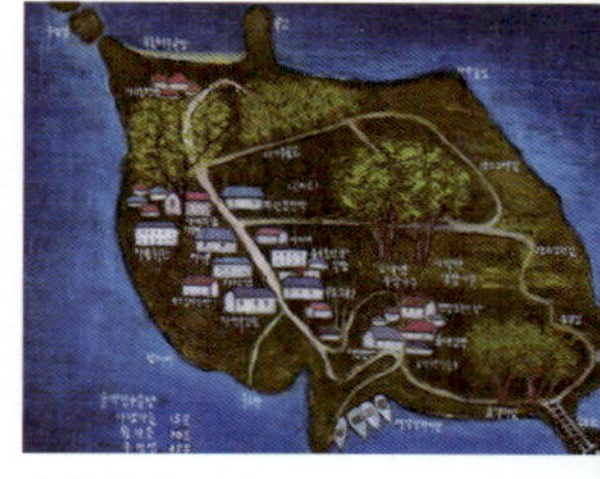

우도 안내 그림

생달나무 잎

생달나무 2그루와 후박나무 1그루   2024. 08. 01.

남해 창선도 왕후박나무

Giant Machilus of Changseondo Island, Namhae

수종 왕후박나무(*Machilus thunbergii* var. *obovata*) **소재지** 경남 남해군 창선면 대벽리 669-1
크기 나무높이 11.0m, 밑동둘레 9.0m **지정일** 1982. 11. 09.

왕후박나무처럼 '왕(王)' 접두어가 붙으면 꽃·잎·열매 모든 것이 크다.

창선도 왕후박나무는 외줄기로 자란 나무가 아니고 밑동에서 나온 줄기 여러 개가 사방으로 자라, 얼핏 보면 숲으로 착각할 정도로 아주 큰 나무다. 나이는 500살 정도로 추정하고 있다.

전하는 이야기에 의하면, 고기를 잡아 생계를 꾸리는 노부부가 어느 날 큰 고기를 잡았는데, 고기 뱃속에는 이제껏 보지 못한 큰 씨앗이 있었다. 그 씨앗을 마을에 심어 싹이 나오고 자란 것이 지금의 왕후박나무라는 것이다. 임진왜란 때 이순신 장군이 노량해전에서 왜군을 물리치고, 이 나무 아래에서 휴식을 취했다고도 한다.

마을에서는 오랫동안 신비한 이 나무 아래에서 고기를 많이 잡게 해달라는 풍어제(豊漁祭)와 마을의 안녕을 비는 당산제(堂山祭)를 지냈다. 그러나 어업으로 삶을 꾸렸던 사람들이 마을을 떠나면서 이런 민속행사는 자취를 감추어 아쉬움을 더하고 있다.

2014. 11. 27.

2018. 04. 12.

2022. 06. 29.

진안 천황사 전나무

Needle Fir of Cheonhwangsa Temple, Jinan

수종 전나무(*Abies holophylla*)

크기 나무높이 30.5m, 가슴높이 둘레 6.0m

소재지 전북 진안군 정천면 갈용리 산169-4(천황사)

지정일 2008. 06. 16.

남암(南庵) 앞에 있는 천황사(天皇寺) 전나무(*Abies holophylla*)는 400여 년 전에 암자의 번영을 바라며 심은 나무다. 전나무는 곧게 자라는 나무다. 장차 암자를 보수할 목재로 쓰려고 심었는지도 모른다.

우리나라 전나무 가운데 가장 크고 수형과 수세가 좋은 나무로, 천연기념물로 지정된 전나무는 이 나무가 유일하다.

대웅전 근처에도 엇비슷한 전나무가 있는데, 2002년 8월 태풍 루사(Rusa)로 줄기 위쪽이 부러져 나무가 지닌 기품과 위용을 잃고 말았다. 이 나무는 '전북특별자치도 보호수(保護樹)'로 지정되어 있다.

곧게 자라는 전나무

2011. 10. 20.

'전북특별자치도 보호수'로 지정된 대웅전 근처 전나무

강진 삼인리 비자나무
Nut-bearing Torreya of Samin-ri, Gangjin

수종 비자나무(*Torreya nucifera*)

크기 나무높이 11.5m, 수관폭 14.2m, 가슴높이 둘레 5.8m

소재지 전남 강진군 병영면 삼인리 376

지정일 1962. 12. 07.

삼인리 비자나무(*Torreya nucifera*)가 위치한 곳은 전라 57주(州)를 지휘하던 전라 병마절도사(兵馬節度使) 병영(兵營)이 있던 곳이다.

태종 17년(1417)에 설치된 병영은 1895년 갑오개혁으로 폐영(廢營)되었는데, 지금과 달리 많은 사람들로 붐볐던 역사적인 장소다.

과거 병영이었던 곳에서 약 550살로 추정되는, 크고 오래된 이 비자나무를 볼 수 있는 이유는 크게 2가지다.

첫째, 병영을 만들려면 목재가 필요했다. 당시 쓸만한 나무는 모조리 베어졌으나, 이 나무는 목재로 쓰지 못할 정도로 볼품없는 나무였다. 추정 나이가 정확하다면 병영 초창기에는 세상에 없었던 나무였다.

둘째, 비자나무 열매는 기생충을 구제하고 변비를 치료하는 귀한 약재였다. 약재로 쓰는 소중한 나무는 지속적인 관심과 보호를 받아왔다.

6·25 한국전쟁 직전에는 크게 울었다고 한다. 사람들은 길흉을 알리는 동신목(洞神木)으로 여겨, 해마다 정월 대보름날에 동제를 지내고 있다.

복원된 전라병영성 남문과 곰솔

약재로 쓰는 열매

2016. 11. 08.

2021. 08. 20.

장성 백양사 비자나무 숲
Forest of Nut-bearing Torreya at Baegyangsa Temple, Jangseong

수종 비자나무(*Torreya nucifera*)
지정면적 710,697m²
소재지 전남 장성군 북하면 약수리 산115-1(백양사)
지정일 1962. 12. 07.

예전에 비자나무는 제주도와 남해안에 아주 흔하게 자라던 나무였다. 그러나 지금은 무분별한 벌목으로 거의 사라져, 천연기념물로 지정해 보호하고 있는 귀한 나무다.

비자나무는 주목과(Taxodiaceae)의 상록침엽교목(常綠針葉喬木)으로 나무높이 20m, 가슴높이 지름 1m까지 자라는 나무다. 암나무와 수나무가 따로 있는 '자웅이주(雌雄異株, 암수딴그루)'로, 4월에 암꽃과 수꽃이 각각 따로 피고 이듬해 10월에 다갈색 열매를 맺는다.

결이 아름답고 부드럽지만 아주 강한 재질의 고급 목재로, 건축재나 특히 습기에 강해 배를 만드는 선박재로 널리 활용된다. 유연한 탄력의 비자나무로 만든 바둑판은 '비자반(榧子盤)' 이름의 최고급 바둑판이다.

나무 이름 '비자(榧子)'는 잎 모양이 여인이 사용하는 참빗 모양에서, 한자 '非字(비자)' 모양에서 유래했다고 한다.

늘푸른 비자나무 숲

현재 8곳이 천연기념물로 지정되어 있는데, '백양사(白羊寺) 비자나무 숲'은 백양사 주변 산기슭과 골짜기에, 나무높이 10m 내외의 비자나무 5,000여 그루가 숲을 이루고 있는 곳이다. 고려 충렬왕 때 각진국사(覺眞國師, 1270~1355)가 열매로 기름을 짜거나 기생충을 구제하고 변비를 치료하는 약재로 쓰기 위해 절 주변에 심은 것으로 알려져 있다.

화성 융릉 개비자나무

천연기념물로 지정된 1960년대에는 비자나무가 자라는 가장 북쪽의 숲이라는 식물분포학적 가치를 인정받았으나, 지금은 이보다 더 북쪽인 내장산(內藏山)에서도 비자나무 숲이 자라고 있다.

이름과 잎 모양이 비슷하지만 '개비자나무(*Cephalotaxus harringtonia*)'는 비자나무와 전혀 다른 나무로, 높이 3m 정도로 자라는 소교목이다.

현재 '화성 융릉(隆陵) 개비자나무'는 천연기념물로 지정되어 있다.

김제 종덕리 왕버들

Red Leaf Willow of Jongdeok-ri, Gimje

수종 왕버들(*Salix chaenomeloides*)　　　　　**소재지** 전북 김제시 봉남면 종덕리 299-1

크기 나무높이 18.0m, 수관폭 35.0m, 가슴높이 둘레 8.8m　　**지정일** 1982. 11. 09.

'왕(王)버들'은 버드나무류 중에서 나무가 크고 잎이 넓어 접두어 '왕(王)'을 붙인 것이다. 물속에서도 썩지 않고 사는 나무로, 국가표준식물명은 '왕버드나무'가 아니고 '왕버들(*Salix chaenomeloides*)'이다. 새로 나온 잎은 붉어, 영어 이름은 'Red leaf willow'가 된다.

종덕리 왕버들은 아주 웅장한 모습이다. 지상 2.0m 부근에서 줄기는 4개로 갈라져 사방으로 커다란 수관(樹冠)을 이루었다. 수관폭이 크고 지하고(枝下高)가 높아 그늘이 아주 좋다. 줄기는 일부 썩어 외과수술로 처치했고, 가지도 여러 개가 부러졌다. 나이는 약 350살로 추정하고 있다.

원평천을 옆으로 끼고 마을 입구에 자리를 잡아, 마을 사람들이 자연스럽게 모이는 장소가 된다. 나무가 펼치는 그늘이 좋아 휴식을 취하는 쉼터로 널리 활용되고 있다.

해마다 음력 3월 3일과 7월 7일에 흥겨운 풍물놀이와 함께, 마을의 평안을 기원하는 동제(洞祭)를 지내고 음식을 나누며 친목을 도모하고 있다.

크고 넓은 왕버들 잎

2021. 08. 10.

수관폭이 크고 지하고가 높아 그늘이 아주 좋다

성주 경산리 성밖숲

Seongbaksup Forest in Gyeongsan-ri, Seongju

수종 왕버들(*Salix chaenomeloides*) **소재지** 경북 성주군 성주읍 경산리 446-1
수량 59주 **지정일** 1999. 04. 06.

성주 경산리 성(城)밖숲은 '옛 성주읍성 서문 밖에 있던 숲'이다. 저절로 자란 숲이 아니고 사람이 만든 숲이다. 풍수지리설에 의한 '비보림(裨補林)'이면서 홍수 피해를 막는 '수해방지림(水害防止林)'이다.

옛날 성 밖 마을에서 아이들이 이유 없이 죽었다고 한다. 기운이 센 족두리 바위와 왕검 바위가 서로 마주 보기 때문이라는 것이다. 그래서 두 바위 중간 지점에 왕버들을 심어 지금의 성밖숲이 되었다. 왕버들은 뿌리를 쉽게 내리고 부정근(不定根)을 쉽게 뻗는다. 성주읍을 휘감아 흐르는 이천의 범람을 막기 위해 나무를 심어 지금의 성밖숲이 되었다.

이곳은 일상에서 자유롭게 즐기는 도시숲의 가치와 기능을 갖는 곳이다. 왕버들 아래 맥문동(*Liriope muscari*)이 보랏빛 꽃으로 물들면 사람들의 발길이 끊이지 않는다. 당초 왕버들을 보호하기 위해 어린이들이 나무에 올라가지 못하도록 심은 맥문동이, 지금은 뿌리 호흡을 방해하는 아이러니한 상황이 되었고, 사람들은 이런 맥문동 황홀경을 즐기고 있다.

2023. 04. 11.

2023. 07. 19.

왕버들 아래 맥문동이 뿌리 호흡을 방해하고 있다

통영 욕지도 모밀잣밤나무 숲

Forest of Castanopsis Cuspidata on Yokjido Island, Tongyeong

수종 구실잣밤나무(*Castanopsis sieboldii*) **소재지** 경남 통영시 욕지면 동항리 산108-1
지정면적 18,737m² **지정일** 1984. 11. 19.

2023년 전남대학교 이정현 교수 연구팀은 "천연기념물 통영 욕지도 모밀잣밤나무 숲을 이루는 나무는 모밀잣밤나무(Castanopsis cuspidata)가 아니고 구실잣밤나무(Castanopsis sieboldii)"라는 결과를 한국식물분류학회지에 발표했다. 구실잣밤나무를 모밀잣밤나무로 잘못 동정(同定)해 모밀잣밤나무 숲으로 되었다는 것이다.

'구실잣밤나무' 이름은 열매가 구슬처럼 생겼다는 '구실자(球實子)', 꽃은 '밤나무 꽃'에서 유래한 것이다. 5월에 노랗게 피는 꽃에는 밤나무(Castanea crenata) 꽃이 풍기는 야릇한 냄새가 난다. 꽃이 지면 그 자리에 열매를 맺고 9월부터 한 달 정도 익어 땅에 떨어진다. 햇볕에 땅에 떨어진 열매를 그대로 두면 껍질이 자연스럽게 벌어져 손으로 까먹을 수가 있다. 껍질이 짝 벌어지기 때문에 '짝밤' 이름이 생겼고, 이런 짝밤나무가 '잣밤나무'로 변했다고 한다.

'모밀잣밤나무'는 열매가 메밀을 닮아 '메밀잣밤나무'라고 하다가 모밀잣밤나무로 되었다고 한다.

모밀잣밤나무의 열매는 길이 12mm의 타원형이고, 구실잣밤나무는 12~20mm로 약간 긴 타원형이다. 모밀잣밤나무는 수피가 밋밋하고 잎은 끝이 뾰족한데, 구실잣밤나무는 수피가 세로로 갈라지고 잎은 끝이 뭉툭하다. 그러나 수목분류학자라 하더라도 이런 열매 크기나 모양으로 구분하기는 쉽지 않다. 나무 모양이나 수피, 잎으로 구분하기도 어렵다.

식물분류학 이론에서는 2가지 나무를 구분할 수 있지만, 어디서나 이론과 현실은 다른 법이다. 게다가 구실잣밤나무와 모밀잣밤나무는 서로 교잡이 이루어지고 있다. 현재 우리가 보는 나무는 거의 모두 구실잣밤나무로, 우리나라에서 모밀잣밤나무는 존재를 의심할 정도다.

구실잣밤나무로 밝혀졌다

2024. 06. 12.

모밀잣밤나무 종자

일본에서 구실잣밤나무와 모밀잣밤나무는 아주 흔하게 보는 나무다. 1994년에 노벨문학상을 수상한 오에 겐자부로(大江健三郎)의 판타지 동화 『200년의 아이들』에서는 "천 년 묵은 구실잣밤나무 밑둥치에 있는 큰 구멍 속에 들어가 진심으로 빌면 만나고 싶은 사람을 만날 수 있다"라는 내용이 있다. 전설의 나무로 등장하는 구실잣밤나무는 아주 크고 오래 사는 나무라는 것을 알 수 있다.

일본 3대 정원에 든다는 '겐로쿠엔(兼六園)'이 있는 이시카와(石川)현 가나자와(金澤)시에는 1943년에 일본의 천연기념물로 지정된 모밀잣밤나무가

야릇한 냄새를 풍기는 모밀잣밤나무 꽃, 요코하마(横浜)

있다. 가나자와 시청사 입구 양쪽에 대칭으로 서 있는 모밀잣밤나무 2그루가 국가 천연기념물이다. 정연한 모습을 보이는 공 모양의 구형(球形)으로, 나이는 약 300살이고 나무높이 13.0m, 밑동둘레 12.0m 정도다.

　욕지항 동쪽 언덕에 100여 그루의 구실잣밤나무가 이루는 울창한 숲이 '통영 욕지도 모밀잣밤나무 숲' 이름으로 1984년 11월에 지정된 천연기념물이다. 이 숲은 마을을 아름답게 하는 '풍치림(風致林)', 바닷바람을 막는 '방조림(防潮林)', 그리고 고기 떼를 유인해 모으는 '어부림(魚付林)'의 역할을 하는 아주 고마운 숲이다.

풍치림, 방조림, 어부림

나무높이 7.5m에 이르는 구실잣밤나무, 고마쓰(小松)

후지산을 바라보며 자라는 모밀잣밤나무, 시즈오카(静岡)

일본 국가 천연기념물 모밀잣밤나무, 가나자와(金澤)

여주 효종대왕릉(영릉) 회양목
Korean Box Tree of Yeongneung Royal Tomb, Yeoju

수종 회양목(*Buxus sinica* var. *insularis*) **소재지** 경기 여주시 세종대왕면 영릉로 327(효종대왕릉)

크기 나무높이 4.4m, 수관폭 5.5m **지정일** 2005. 04. 30.

효종대왕릉(孝宗大王陵)은 효종과 인선왕후의 쌍릉(雙陵)으로, 원래 구리 동구릉(東九陵)에 있었으나 현종 14년(1673)에 지금의 위치로 천장(遷葬)하였다. 이곳 재실(齋室)은 조선 왕릉 재실 중에서 공간 구성과 배치가 가장 뛰어난 건축물로 평가받고 있다.

이곳에는 천연기념물로 지정된 회양목(Buxus sinica var. insularis)이 있어, 재실의 역사적 가치를 한층 높이고 있다. 회양목은 원래 키가 작고 낮게 자라는 나무다. 이렇게 재실 담장을 훌쩍 넘는, 키 크고 300살 이상의 오래된 회양목은 찾기 어렵다.

2016. 09. 10.

한편 '용주사 회양목'은 2002년에 죽어 천연기념물에서 해제되었는데, 정조의 효심이 깃든 나무로 알려져 있다. 아버지 사도세자(思悼世子)의 죽음을 항상 가슴 아파했던 정조는 사도세자를 화성 융릉(隆陵)에 모시고, 무덤을 돌보는 능침사찰(陵寢寺刹)로 용주사(龍珠寺)를 세웠다.

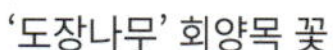

2018. 10. 27.

어느 날 정조는 용주사 대웅전 앞의 회양목에 벌레가 많아 나무가 죽어가는 모습을 보았다. "아버님이 비명에 가신 것도 가슴 아픈데, 너희까지 이리 괴롭혀야 되겠느냐?"라 하면서 벌레 한 마리를 깨물어 죽였다. 그러자 벌레는 모두 감쪽같이 사라졌고, 용주사 회양목은 정조의 변치 않는 효심을 상징하는 나무가 되었다.

석회암지대를 좋아하는 회양목은 아주 더디게 자라지만, 그만큼 목질이 치밀하고 단단하다. '도장나무' 별명이 있을 정도로, 도장을 만드는 나무로는 회양목이 으뜸이다. 오래전부터 나무 활자를 만들고 목판을 새겼던, 우리의 찬란한 인쇄 문화를 책임졌던 이력의 나무다.

'도장나무' 회양목 꽃

효종대왕릉 회양목은 크고 오래된 나무로서의 생물학적 가치, 재실과 오랜 세월을 함께한 역사적 가치가 매우 큰 나무다.

문경 장수황씨 종택 탱자나무

Trifoliate Oranges at the Head House of the Jangsu Hwang Clan, Mungyeong

수종 탱자나무(*Poncirus trifoliata*)

수량/크기 2그루/평균 나무높이 6.0m, 가슴높이 둘레 각각 1.0m, 2.0m

소재지 경북 문경시 산북면 대하리 460-1

지정일 2019. 12. 27.

장수황씨(長水黃氏) 종택(宗宅) 탱자나무(*Poncirus trifoliata*)는 청백리(淸白吏)로 널리 알려진 '황희' 정승의 7대 손(孫) 황시간(黃時幹, 1558~1642)이 이곳에 터를 잡으며 심은 나무로 알려져 있다.

'귤화위지(橘化爲枳)'는 "귤이 회북(淮北)에서 나면 귤이 되지만, 회남(淮南)에서 나면 탱자가 된다"라는 뜻이다. 제(濟)나라 안영과 초(楚)나라 영왕 사이에서 나온 고사성어로, "사람이 주변 환경에 따라 선하게도 악하게도 된다"라는 '환경결정론(環境決定論)'을 나타낸 것이다.

종택의 탱자나무는 두 그루가 붙어 자라, 마치 한 그루의 나무로 보인다. 모양이 좋고 줄기도 굵은, 좀처럼 보기 어려운 오래된 탱자나무다. 종택에서 자라지 않았다면 한갓 볼품없는 탱자나무에 지나지 않았겠지만, 사대부 집 마당에서 자랐기 때문에 품격 갖춘 탱자나무가 될 수밖에 없었다. 비록 귤이 되지는 못했지만, 종택에 걸맞은 수형과 기품을 지닌 탱자나무로 자란 것이다.

탱자나무 꽃, 열매

2011. 01. 30.

2011. 10. 08.

괴산 율지리 미선나무 자생지(自生地)

Natural Habitat of White Forsythias in Yulji-ri, Goesan

수종 미선나무(*Abeliophyllum distichum*) **소재지** 충북 괴산군 칠성면 율지리 산19-1
지정면적 14,878m² **지정일** 1970. 01. 09.

괴산 율지리 미선나무 자생지는 전 세계에서 오직 우리나라에만 있는 미선나무가 무리 지어 자라는 곳이다.

개나리(*Forsythia koreana*)를 빼놓고 미선나무를 이야기하기 어렵다. 개나리와 비슷하게 생겼지만, 노란 꽃이 피는 개나리와 달리 흰 꽃이 핀다. 영어 이름은 '하얀 개나리'라는 'White forsythia'다.

개나리와 같은 물푸레나무과(Oleaceae)지만 속(屬)은 다르다. 미선나무속(Abeliophyllum)에 종(種)은 미선나무 하나밖에 없다. 즉, 1속 1종의 '희귀식물(稀貴植物)'이자 우리 고유의 '특산식물(特産植物)'이다.

우리 땅에만 있는데 안타깝게도 개나리처럼, 우리나라 사람이 아닌 일본의 식물학자 '나카이 다케노신(中井猛之進, 1882~1952)'에 의해 세상에 모습을 드러낸 나무다. 일제 강점기에 나카이는 1917년 충북 진천에서 이 나무를 채취한 뒤, 1919년 학명(*Abeliophyllum distichum* Nakai)에 명명자(命名者)로 자기 이름을 올렸다. 일제 만행에 저항해 3.1 만세운동이 일어났던 바로 그해, 전 세계에서 유일하게 우리 땅에서 자라는 나무가 일본 사람에 의해 세상에 알려졌던 것이다.

나카이는 '부채나무'라는 일본 이름 'うちわのき(우치와노키)'로 불렀다. 당시는 국권이 찬탈된 내선일체(內鮮一體)의 시대로 우리나라와 일본이 같은 나라였기에, 굳이 한글 나무 이름이 있을 필요가 없었다. 그러나 시골에서는 일본어를 모르는 사람이 많아 한글 이름이 필요하다는 구실로 '미선나무' 이름이 생기게 되었다. 나무 이름 '미선(尾扇)'은 "열매가 임금님 뒤(尾)에 있는 궁녀가 들고 있는 부채(扇) 모양과 비슷하다"에서 유래한 것이다.

향기가 거의 없는 개나리와 달리, 향수의 재료가 되는 미선나무의 짙은 꽃향기는 주변을 온통 그윽한 내음으로 적신다.

미선나무 꽃

궁녀의 부채는 여럿이다

통영 비진도 팔손이나무 자생지(自生地)

Natural Habitat of Formosa Rice Trees on Bijindo Island, Tongyeong

수종 팔손이(*Fatsia japonica*) **소재지** 경남 통영시 한산면 비진리 산51
지정면적 11,009m² **지정일** 1962. 12. 07.

비진도(比珍島)는 팔손이(*Fatsia japonica*) 자생지 중에서 가장 북쪽에 있어, 지리적으로 식물분포학적 가치가 큰 곳이다. 이곳의 팔손이는 곰솔, 후박나무, 생달나무, 사스레피나무와 함께 자라고 있다.

잎이 여덟 개로 갈라져 이름이 '팔손이'이지만, 실제는 7개나 9개로 갈라진다. 모든 잎은 가운데를 축(軸)으로, 좌우대칭으로 갈라지므로 8개 짝수가 나올 수 없다. 이런 팔손이 이름에는 전해 오는 이야기가 있다.

옛날 인도에 공주의 생일을 맞아 왕비는 예쁜 쌍가락지를 선물했다. 시녀가 방을 청소하다 호기심으로 가락지를 엄지손가락에 한 개씩 껴 보았다. 한번 끼워진 가락지는 빠지지 않았다. 범인을 잡기 위해 왕비는 모든 시녀에게 손가락을 펼치라고 명령했다. 모든 시녀가 열 손가락을 활짝 펼쳐 보였다. 반지 낀 엄지를 접은 채 여덟 손가락을 내민 시녀는 벌을 받아, 내밀었던 손이 그대로 팔손이 잎으로 변했다

팔손이 꽃, 열매

2023. 09. 12.

방파제 근처 바닷가에 팔손이가 자생하고 있다

고창 삼인리 송악

Songak Ivys of Samin-ri, Gochang

수종 송악(*Hedera rhombea*)   **소재지** 전북 고창군 아산면 삼인리 산17-1
지정면적 1,631m²   **지정일** 1991. 11. 27.

송악(*Hedera rhombea*)은 10월에 노란 꽃이 둥글게 모여 피고, 열매는 이듬해 5월에 검게 익는 상록의 덩굴식물이다. 삼인리 송악은 선운사(禪雲寺) 입구 도솔천(兜率川) 절벽에 뿌리를 박고 자라고 있다.

줄기 덩굴은 절벽을 타고 위로 꾸불꾸불하게 올라가면서 여러 갈래로 갈라진다. 여러 갈래로 갈라진 덩굴은 쭈글쭈글한 모습으로 뿌리를 절벽에 박은 채, 하늘을 향해 짙은 초록의 두터운 잎을 내밀고 있다.

눈이 오면 짙은 초록 잎에 촘촘히 쌓이는 하얀 모습이 대단히 아름답다고 한다. 엄동설한의 지독한 서릿발 속에서 잎은 얼어도 푸르름은 잃지 않는다. 검은 바위 절벽에다 사시사철 아주 진한 초록의 살아있는 그림을 그린 것이다. 이곳에서는 피로가 풀리고 편안해진다고 하는데, 온통 초록 색깔인 세상에 있으면 머리는 맑고 마음은 안정될 수밖에 없다.

높이 15.0m, 줄기둘레 0.8m 정도로, 우리나라에서 가장 크고 오래된 송악이다. 송악이 자라는 북쪽 한계로 식물분포학적 가치도 크다.

송악 꽃, 열매

2014. 09. 18.

2019. 05. 01.

부산 범어사 등나무 군락(群落)

Population of Wisterias at Beomeosa Temple, Busan

수종 등(*Wisteria floribunda*) **소재지** 부산광역시 금정구 범어사로 250(범어사)
지정면적 65,502m² **지정일** 1966. 01. 13.

범어사 등나무 군락은 금정산(金井山) 범어사(梵魚寺) 계곡의 바위 틈에서 나온 500여 그루의 등(*Wisteria floribunda*)이 여러 큰 나무를 감고 엉켜 자라고 있다. 예전에는 등(藤)이 아주 무성해 구름(雲)처럼 보이는 계곡(谷), '등운곡(藤雲谷)'으로 불렀던 금정산 절경의 하나였다.

국가표준식물명은 '등(藤)'이다. '칡(葛)'과 함께 '갈등(葛藤)'을 만든 대표적인 덩굴식물로, 팽나무(*Celtis sinensis*)와 얽힌 애틋한 이야기가 있다.

2021. 07. 30.

옛날 어느 마을에 마음씨 고운 자매가 있었고, 옆집에는 늠름한 청년이 살고 있었다. 자매 둘 다 청년을 짝사랑했는데, 청년이 전쟁터로 떠날 때야 같은 남자를 사랑하고 있다는 걸 알았다. 자매는 서로 양보하기로 했다. 청년이 전사했다는 소식이 전해졌다. 자매는 울다 연못에 몸을 던지고 말았다. 연못가에는 2그루의 등이 자라났다. 죽은 줄로만 알았던 청년은 돌아와 자매의 소식을 들었다. 청년도 연못에 몸을 던져 팽나무로 태어났다. 연못가에는 팽나무와 등이 서로 얽혀 자라게 되었다

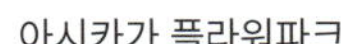

아시카가 플라워파크

일본 도치기(栃木)현 아시카가(足利)시 '아시카가 플라워파크(Ashikaga Flower Park)'에서는 160년을 훌쩍 넘고, 한 그루의 수관면적이 약 1,000m² 에 이르는 '대등(大藤)', '대장등(大長藤)', '팔중등(八重藤)' 이름의 등(藤) 4그루가 대단한 위용을 자랑하고 있다. 대등은 '큰 등', 대장등은 '크고 꽃이 긴 등', 팔중등은 '겹꽃이 피는 등'에서 이름을 붙인 것이다. 아주 크고 오래되었지만, 국가 천연기념물이 아니고 도치기현 천연기념물인 이유는 야생(野生)이 아니고 이식해 키운 등이기 때문이다.

우리 범어사 군락은 등이 야생으로 무리 지어 자라는 희귀한 곳이다.

겹꽃인 팔중등(八重藤)

대등(大藤) A

흰등(*Wisteria floribunda* var. *alba*)   꽃이 긴 대장등(大長藤)

팔중등에서 바라본 대등 B   대등(大藤) B

진안 마이산 줄사철나무 군락(群落)

Population of Radicans Winter Creeping Spindles in Maisan Mountain, Jinan

수종 줄사철나무(*Euonymus fortunei* var. *radicans*)
수량/지정면적 2곳/171m²
소재지 전북 진안군 마령면 마이산남로 367(은수사)
지정일 1993. 08. 19.

줄처럼 길게 늘어지는 줄사철나무는 노박덩굴과(科) 화살나무속(屬)의 상록(常綠) 만경류(蔓莖類)다. 줄기에서 내린 뿌리가 바위나 다른 나무에 붙어 기어오르는 습성이 있어, '덩굴성 사철나무'라는 뜻의 '줄사철나무' 이름을 갖게 되었다.

천연기념물로 지정된 '진안 마이산(馬耳山) 줄사철나무 군락'은 2곳에, 지정면적 171㎡로 그다지 크지 않은 편이다.

은수사(銀水寺) 법고(法鼓) 앞 비탈에는 줄기둘레 0.1~0.5m, 높이 3.0~7.0m의 줄사철나무가 무리 지어 자라고 있다. 그리고 은수사 뒤 수마이봉 아래 척박한 땅에 뿌리를 박고 절벽 위로 기어오르는 줄사철나무 군락이 있다.

이곳은 지리적으로 줄사철나무가 자랄 수 있는 북쪽 한계가 된다. 야생 상태로 군락을 이루고 있는 식물분포학적, 생태학적 가치를 인정받아 천연기념물로 지정해 보호하고 있다.

2021. 07. 21.

법고 앞 군락

수마이봉 아래 군락

제주 월령리 선인장 군락(群落)

Population of Cacti in Wollyeong-ri, Jeju

수종 선인장(*Opuntia ficus-indica* var. *saboten*)　　**소재지** 제주 제주시 한림읍 월령리 359-3
지정면적 6,914m²　　**지정일** 2001. 09. 11.

월령리 선인장(*Opuntia ficus-indica* var. *saboten*) 군락은 우리나라에서 하나밖에 없는 선인장 야생 군락이다. 선인장은 멕시코가 원산지(原産地)로, 우리 땅에 스스로 자라는 식물이 아니다. 열대지방의 선인장 종자가 멕시코(Mexico) 만류와 구로시오(Kurosio) 난류를 타고 월령리 바닷가로 밀려와, 이곳 모래땅과 바위틈에 자리잡은 것이다.

마을 울타리 돌담에서도 선인장을 쉽게 볼 수 있다. 마을 사람들은 뱀이나 쥐가 집으로 들어오는 것을 막기 위해, 바닷가에 자연스럽게 자라는 선인장을 울타리 돌담에 옮겨 심은 것이다.

손바닥을 닮았다고 '손바닥선인장'이라 하는데, 따뜻한 날씨와 척박한 토양에 아주 강한 손바닥선인장은 6~7월에 노랗게 꽃이 핀다. '백년초(百年草)'라 불리는 열매는 11월에 보라색으로 익는데, 소화기나 호흡기 질환에 아주 좋은 건강식품이다. 지리적으로 식물분포학적 가치가 큰 이곳은 선인장이 펼치는 이국적인 풍광으로 경관적 가치도 큰 곳이다.

월령리 바닷가

손바닥선인장 '백년초'

2022. 11. 18.

목재데크를 따라 바닷가에 펼쳐진 백년초 군락

강진 까막섬 상록수림(常綠樹林)

Evergreen Forest on Kkamakseom Island, Gangjin

소재지 전남 강진군 마량면 마량리 산191　　**지정면적** 14,480m²　　**지정일** 1996. 01. 13.

숲이 푸르다 못해 검게 보인다고 '까막섬'이다. 수천 마리의 까마귀 떼가 섬을 덮었다고 생긴 이름이라고도 한다. 원래 남태평양에 있었던 까막섬은 육지가 되고 싶은 간절한 생각에 이곳으로 왔다고 한다.

기나긴 여정 끝에 마침내 마량(馬良)에 닿을 무렵이었다. 바닷가에서 이 모습을 바라보던 여인이 "발 없는 섬도 걸어 다니는데, 내 아들은 두 발이 있어도 걷지 못하는구나!"라고 탄식을 했다. 이 말을 들은 까막섬은 그 자리에 머물기로 했다.

까막섬이 멈추자 신기하게도 여인의 아들은 걷게 되었다. 육지가 되고 싶은 간절한 꿈을 이루기 위해 머나먼 길을 떠나왔지만, 여인의 아들에게 걷는 능력을 주고 자신은 육지를 눈앞에 두고 멈춰버린 것이다. 이래서 까막섬은 육지가 되지 못하고, 육지의 끝자락에 가까운 작은 섬으로 남았다

다른 사람을 위해 자신의 꿈을 접는다는 것은 몹시 어려운 일이다. 까막섬을 바라보며 "잘했어! 정말 잘했어!"라 하면, 다리 아픈 사람은 까막섬이 낫게 해준다고 한다.

숲을 이루는 우점종(優占種)은 후박나무다. 후박나무 외에 감탕나무, 생달나무, 돈나무, 사철나무, 육박나무, 참식나무, 사스레피나무, 광나무, 자금우 등의 상록수(常綠樹)가 대부분이다. 여기에 팽나무, 굴참나무, 상수리나무, 꾸지뽕나무, 예덕나무, 푸조나무, 산딸나무, 자귀나무, 검양옻나무, 장구밥나무, 초피나무, 개산초나무, 쥐똥나무 등의 낙엽수(落葉樹)와 멀꿀, 송악, 마삭줄, 계요등, 찔레꽃, 인동덩굴, 댕댕이덩굴, 청미래덩굴, 청가시덩굴, 개머루, 섬딸기와 같은 만경류(蔓莖類)가 자라고 있다.

참식나무

예덕나무

계요등

완도 주도 상록수림(常綠樹林)

Evergreen Forest on Judo Island, Wando

소재지 전남 완도군 완도읍 군내리 산259　　**지정면적** 17,355m²　　**지정일** 1962. 12. 07.

완도 바닷가에서 약 200m 떨어져 있는 '주도(珠島)'는 구슬(珠) 모양의 둥근 섬(島)이다.

　바닷가 가까이 있으나 접근이 어려운 섬이므로, 이곳의 숲은 비교적 자연 그대로의 원시림(原始林) 상태를 유지하고 있다. 우리나라 난대림(暖帶林)의 전형적인 모습을 보여 주는 대표적인 상록수림(常綠樹林)으로 식물분포학적, 생태학적 가치가 아주 큰 숲이다.

　숲을 이루는 나무는 후박나무, 붉가시나무, 구실잣밤나무, 참식나무, 생달나무, 굴거리나무, 육박나무, 먼나무, 감탕나무, 완도호랑가시나무, 동백나무, 돈나무, 식나무, 사스레피나무, 광나무, 다정큼나무, 까마귀쪽나무, 비쭈기나무와 같은 상록활엽수가 대부분이다. 여기에 소사나무, 예덕나무, 자귀나무, 팽나무, 덜꿩나무, 검양옻나무, 인동덩굴, 송악, 마삭줄, 고란초 등이 함께 자라고 있다. 면적에 비해 비교적 많은 종류의 나무들이 임상이 풍부한 숲을 이루고 있다.

구슬 모양의 섬, 주도

완도호랑가시나무(*Ilex* × *wandoensis*)

다정큼나무(*Rhaphiolepis indica* var. *umbellata*)

완도 예송리 상록수림(常綠樹林)

Evergreen Forest of Yesong-ri, Wando

소재지 전남 완도군 보길면 예송리 산108　**지정면적** 58,486m²　**지정일** 1962. 12. 07.

보길도(甫吉島) 남동쪽 바닷가 예송리(禮松里) 상록수림은 까만 자갈이 깔린 바닷가를 따라 아름다운 곡선을 보이는 '해안림(海岸林)'이다.

이 해안림은 약 300년 전에 바닷바람을 막기 위해 만든 '방조림(防潮林)'이다. 폭 30m, 길이 750m 정도의 띠 모양으로 길게 늘어진 숲으로, '대상림(帶狀林)' 또는 '장림(長林)'으로 부르기도 한다.

마을 사람들은 바닷가 곰솔(Pinus thunbergii) 가운데 제일 큰 나무를 당산목(堂山木)으로 삼고 산신제(山神祭)를 지내고 있다.

마을 쪽으로는 가시나무류를 비롯한 다양한 수종으로 구성된 상록수림이 길게 펼쳐져 있다. 이곳은 겨울에도 따뜻하고 강우량도 적당해, 상록활엽수(常綠闊葉樹)가 자라기에 아주 좋은 여건을 갖추고 있다. 휴가철 차량과 이용객의 폭발적인 증가는 숲 생태계를 위협하는 부정적 요인이다.

바닷바람으로부터 마을을 보호하는 예송리 상록수림은 고기 떼를 유인해 모으는 '어부림(魚付林)'의 역할도 하고 있다.

예송리 바닷가 검은 자갈

해안림, 방조림, 어부림

2015. 05. 22.

2018. 12. 09.

남해 물건리 방조어부림(防潮魚付林)

Windbreak Forest of Mulgeon-ri, Namhae

소재지 경남 남해군 삼동면 물건리 산12-1　　**지정면적** 25,091m²　　**지정일** 1962. 12. 07.

남해 물건리(勿巾里) 방조어부림은 바닷가를 따라 길게 이어진 폭 30m, 길이 1,500m 정도의 '인공림(人工林)'이다. 약 300년 전에 바닷바람을 막고 고기 떼를 유인해 모으기 위해 만든 '방조어부림(防潮魚付林)'이다.

상록수가 대부분인 일반적인 바닷가 숲과는 달리, 이곳은 낙엽수가 대부분을 차지하는, 좀처럼 보기 어려운 바닷가 숲이다. 이팝나무, 팽나무, 푸조나무, 느티나무, 참느릅나무, 오동나무, 말채나무, 상수리나무, 붉나무와 같은 낙엽활엽수(落葉闊葉樹)가 대부분이다. 따라서 사철 내내 같은 모습이 아니라, 계절에 따라 각기 다른 모습으로 다가오는 아름다운 해안경관을 연출하고 있다.

예송리 상록수림과는 숲을 만든 목적, 용도, 입지, 형태 모든 것이 비슷하지만, 숲을 이루는 주된 나무가 상록수와 낙엽수라는 차이가 있다. 이런 차이로 예송리를 비롯한 거의 모든 바닷가 숲은 '상록수림'으로 부르지만, 이곳은 '방조어부림'으로 차별화해서 부르고 있다.

2014. 11. 27.

2015. 05. 04.

2020. 05. 07.

독일마을에서 바라본 방조어부림

담양 관방제림(官防堤林)

Gwanbangjerim Forest, Damyang

소재지 전남 담양군 담양읍 객사리 1　　**지정면적** 123,173m²　　**지정일** 1991. 11. 27.

'담양 관방제림(官防堤林)'은 담양천변의 둑(堤防), 관방제(官防堤)를 보호하기 위해 만든 숲(林)이다. 관방제를 따라 약 1,200m 이어진 숲은 주로 푸조나무, 팽나무, 벚나무, 음나무, 개서어나무, 갈참나무와 같은 낙엽활엽수로 이루어져 있다. 영조 34년(1758) 담양부사 이석희(李錫禧)가 편찬한 『추성지(秋成誌)』에 이 숲에 관한 내용이 있다.

북천(北川)은 용천산(龍泉山)에서 물이 흘러내려, 담양부(潭陽府)를 지나며 불어 넘쳐 해마다 홍수가 난다. 60여 호가 수몰되고 사상자가 나오므로, 담양부사 성이성(成以性)이 둑을 쌓고 나무를 심어 수해에서 벗어났다

인조 26년(1648)에 성이성이 처음으로 홍수를 막기 위해 둑을 쌓아 나무를 심었다. 이후 철종 5년(1854)에 담양부사 황종림(黃種林)이 확장하고 정비한 '인공호안림(人工護岸林)'이자 '수해방지림(水害防止林)'이다.

제방 위의 푸조나무

2018. 04. 13.

2022. 03. 08.

함양 상림(上林)

Sangnim Forest, Hamyang

소재지 경남 함양군 함양읍 대덕리 252-1　　**지정면적** 182,665m²　　**지정일** 1962. 12. 07.

함양 상림(上林)은 함양읍 북서쪽 위천(渭川)을 따라 폭 80~200m, 길이 1,600m 정도로 길게 이어진 숲이다.

신라 말 진성여왕 때 천령(天嶺, 함양)의 태수(太守, 군수)였던 최치원(崔致遠, 857~?)이 홍수를 막고 마을과 농경지를 보호하기 위해 만든 '인공호안림'이다. 옛날에는 위천이 함양읍의 중앙을 관통하고 있었는데, 외곽으로 물길을 돌려 둑을 쌓고 나무를 심었다. 우리나라에서 최초로 만든 '수해방지림'으로, 같은 목적으로 만든 '담양 관방제림(潭陽 官防堤林)'보다 750년 이상 앞선 숲이다.

전하는 이야기에 의하면, 당시 최치원은 지리산(智異山)과 백운산(白雲山)에서 손수 나무를 캐서 심었다고 한다. 숲을 만들면서 도와준 산짐승의 노고를 치하하고, 공사가 끝났다는 표시로 금(金) 호미를 힘껏 던지자, 금 호미가 숲속 나무에 걸리며 '땡그랑!' 소리가 들렸다. 이 소리를 시작으로 천령군(天嶺郡)은 재앙이 없는 지상의 낙원이 되었다는 것이다.

당시 '대관림(大館林)'이라는 이름으로 각종 재해를 막고 풍경을 보호하는 숲으로 잘 유지되어 왔으나, 세월이 흐르면서 큰 홍수가 발생해 중간이 유실되어 위쪽 '상림(上林)'과 아래쪽 '하림(下林)'으로 나누어졌다. 이후 하림은 마을이 들어서면서 흔적만 남게 되었다.

천 년 이상의 세월이 흘렀지만, 상림은 당시의 모습을 비교적 잘 유지하고 있다. 최치원이 심었던 나무는 모두 사라지고 바뀌었지만, 지금도 120여 종(種)의 2만여 그루가 숲을 이루고 있다.

갈참나무, 졸참나무와 같은 참나무류(類)가 주를 이루고 개서어나무, 느티나무, 느릅나무, 팽나무, 이팝나무, 당단풍나무, 사람주나무 등의 교목(喬木)과 가막살나무, 윤노리나무, 개나리, 철쭉류 등의 관목(灌木)이 다층 구

상림의 최치원 흉상

금 호미손 조형물

천연기념물, 상림공원

천년의 숲

조로 생태적으로 안정된 숲의 모습을 보이고 있다.

여기에 직박구리, 오목눈이, 딱따구리, 멧새, 참새와 같은 각종 텃새와 다람쥐가 서식하고 있다. 숲에서 뱀을 만나 매우 놀랐다는 어머니 말씀을 들은 효심 깊은 최치원이 "이곳에서 뱀은 물러가라!"라고 소리쳐 뱀은 없다고 한다. 오랜 세월이 지난 지금도 뱀이 없는지는 확인해 볼 일이다.

천연기념물 지정면적 182,665m²을 포함한 상림은 현재 '상림공원(上林公園)' 이름의 도시공원으로 지정되어 있다.

천연기념물 상림은 오랫동안 잘 보존된 온대 남부의 대표적인 낙엽활

2015. 11. 03.

엽수림으로 자연 속의 자연학습원이다. 일상에서 군민들이 즐겨 찾는 상림공원은 숲속 산책로를 따라 거닐며 명상을 하거나 산림치유를 하는 힐링의 장소다. 휴식을 취하고 가벼운 운동을 하는 생활공간이기도 하다.

2021년부터 '함양 산삼 항노화 엑스포' 축제를 개최하면서, 나무 아래에는 꽃무릇(*Lycoris radiata*)을 대대적으로 심고, 외곽을 따라 연꽃단지를 크게 확장하고 형형색색의 화훼단지를 대규모로 조성했다.

연꽃단지는 상림의 지하수위(地下水位)를 높이고, 나무 아래 꽃무릇은 토양의 수분을 머금고 외부로의 증산작용을 억제하고 있다. 상림의 토양이 점차 과습해지며 나타난 '아밀라리아 뿌리썩음병(Armillaria root rot)'을 비롯한 여러 징후는 상림 보존에 시사하는 바가 매우 크다.

봄에는 신록과 아름다운 꽃으로, 여름에는 녹음과 진귀한 연꽃으로, 가을에는 화려한 꽃무릇과 울긋불긋한 단풍으로, 겨울에는 설경(雪景)과 잎을 떨군 나목(裸木)으로 사람들의 발길이 끊이지 않는 곳이 상림이다.

숲속 산책로 주변

나무 아래 꽃무릇

2023. 04. 11.

2024. 02. 07.

수종	지정 명칭	소재지	지정 일자	수록 여부
소나무	보은 속리 정이품송	충북 보은군 속리산면 상판리	1962. 12. 07.	○
소나무	합천 화양리 소나무	경남 합천군 묘산면 화양리	1982. 11. 09.	○
소나무	영월 청령포 관음송	강원 영월군 남면 광천리	1988. 04. 30.	○
소나무	속초 설악동 소나무	강원 속초시 설악동	1988. 04. 30.	
소나무	보은 서원리 소나무	충북 보은군 장안면 서원리	1988. 04. 30.	○
소나무	의령 성황리 소나무	경남 의령군 정곡면 성황리	1988. 04. 30.	○
소나무	이천 도립리 반룡송	경기 이천시 백사면 도립리	1996. 12. 30.	○
소나무	괴산 적석리 소나무	충북 괴산군 연풍면 적석리	1996. 12. 30.	
소나무	장수 장수리 의암송	전북 장수군 장수읍 장수리	1998. 12. 23.	○
소나무	거창 당산리 당송	경남 거창군 위천면 당산리	1999. 04. 06.	○
소나무	지리산 천년송	전북 남원시 산내면 부운리	2000. 10. 13.	○
소나무	문경 대하리 소나무	경북 문경시 산북면 대하리	2000. 10. 13.	
소나무	하동 송림	경남 하동군 하동읍 광평리	2005. 02. 18.	○
소나무	포항 북송리 북천수	경북 포항시 홍해읍 북송리	2006. 03. 28.	
소나무	예천 금당실 송림	경북 예천군 용문면 상금곡리	2006. 03. 28.	
소나무	안동 하회마을 만송정 숲	경북 안동시 풍천면 하회리	2006. 11. 27.	
소나무	하동 축지리 문암송	경남 하동군 악양면 축지리	2008. 03. 12.	○
반송	예천 천향리 석송령	경북 예천군 감천면 천향리	1982. 11. 09.	○
반송	무주 삼공리 반송	전북 무주군 설천면 삼공리	1982. 11. 09.	○
반송	문경 화산리 반송	경북 문경시 농암면 화산리	1982. 11. 09.	
반송	상주 상현리 반송	경북 상주군 화서면 상현리	1982. 11. 09.	○
반송	함양 목현리 구송	경남 함양면 휴천면 목현리	1988. 04. 30.	○
반송	고창 선운사 도솔암 장사송	전북 고창군 아산면 삼인리	1988. 04. 30.	
반송	구미 독도리 반송	경북 구미시 선산읍 독도리	1988. 04. 30.	
반송	영양 답곡리 만지송	경북 영양군 석보면 답곡리	1998. 12. 23.	○
처진소나무	청도 운문사 처진소나무	경북 청도군 운문면 신원리	1966. 08. 25.	○
처진소나무	청도 동산리 처진소나무	경북 청도군 매전면 동산리	1982. 11. 09.	○
처진소나무	울진 행곡리 처진소나무	경북 울진군 근남면 행곡리	1999. 04. 06.	
처진소나무	포천 직두리 부부송	경기 포천시 군내면 직두리	2005. 06. 13.	○
곰솔	제주 산천단 곰솔 군	제주 제주시 아라동	1964. 01. 31.	○

수종	지정 명칭	소재지	지정 일자	수록 여부
곰솔	부산 좌수영지 곰솔	부산 수영구 수영동	1982. 11. 09.	
곰솔	전주 삼천동 곰솔	전북 전주시 완산구 삼천동	1988. 04. 30.	○
곰솔	장흥 옥당리 효자송	전남 장흥군 관산읍 옥당리	1988. 04. 20.	○
곰솔	해남 성내리 수성송	전남 해남군 해남읍 성내리	2001. 09. 11.	○
곰솔	제주 수산리 곰솔	제주 제주시 애월읍 수산리	2004. 05. 14.	○
백송	서울 재동 백송	서울 종로구 재동	1962. 12. 07.	○
백송	서울 조계사 백송	서울 종로구 수송동	1962. 12. 07.	
백송	고양 송포 백송	경기 고양시 일산구 덕이동	1962. 12. 07.	○
백송	예산 용궁리 백송	충남 예산군 신암면 용궁리	1962. 12. 07.	○
백송	이천 신대리 백송	경기 이천시 백사면 신대리	1976. 06. 28.	
은행나무	서울 문묘 은행나무	서울 종로구 명륜동	1962. 12. 07.	○
은행나무	양평 용문사 은행나무	경기 양평군 용문면 신점리	1962. 12. 07.	○
은행나무	울주 구량리 은행나무	울산 울주군 두서면 구량리	1962. 12. 07.	
은행나무	영월 하송리 은행나무	강원 영월군 영월읍 하송리	1962. 12. 07.	○
은행나무	금산 요광리 행나무	충남 천안군 추부면 요광리	1962. 12. 07.	○
은행나무	괴산 읍내리 은행나무	충북 괴산군 청안면 읍내리	1964. 01. 31.	
은행나무	강릉 장덕리 은행나무	강원 강릉시 주문진읍 장덕리	1964. 01. 31.	
은행나무	원주 반계리 은행나무	강원 원주시 문막면 반계리	1964. 01. 31.	○
은행나무	안동 용계리 은행나무	경북 안동시 길안면 용계리	1966. 01. 13	○
은행나무	영동 영국사 은행나무	충북 영동군 양산면 누교리	1970. 04. 27.	○
은행나무	구미 농소리 은행나무	경북 구미시 옥성면 농소리	1970. 06. 03.	○
은행나무	금릉 조룡리 은행나무	경북 김천시 대덕면 조룡리	1982. 11. 09.	○
은행나무	청도 대전리 은행나무	경북 청도군 이서면 대전리	1982. 11. 09.	
은행나무	의령 세간리 은행나무	경남 의령군 유곡면 세간리	1982. 11. 09.	○
은행나무	화순 야사리 은행나무	전남 화순군 이서면 야사리	1982. 11. 09.	○
은행나무	강화 볼음도 은행나무	인천 강화군 서도면 볼음도리	1982. 11. 09.	
은행나무	부여 주암리 은행나무	충남 부여군 내산면 주암리	1982. 11. 09.	○
은행나무	금산 보석사 은행나무	충남 금산군 남이면 석동리	1990. 08. 02.	○
은행나무	강진 성동리 은행나무	전남 강진군 병영면 성동리	1997. 12. 30.	○

수종	지정 명칭	소재지	지정 일자	수록 여부
은행나무	청도 적천사 은행나무	경북 청도군 청도읍 원리	1998. 12. 23.	
은행나무	함양 운곡리 은행나무	경남 함양군 서하면 운곡리	1999. 04. 06.	○
은행나무	담양 봉안리 은행나무	전남 담양군 무정면 봉안리	2007. 08. 09.	
은행나무	당진 면천 은행나무	충남 당진군 면천면 성상리	2016. 09. 06.	○
은행나무	인천 장수동 은행나무	인천 남동구 장수동	2021. 02. 08.	○
은행나무	세종 임난수 은행나무	세종 연기면 세종리	2022. 05. 12.	
느티나무	삼척 도계리 긴잎느티나무	강원 삼척시 도계읍 도계리	1962. 12. 07.	
느티나무	제주 성읍리 느티나무 및 팽나무 군	제주 서귀포시 표선면 성읍리	1964. 01. 31.	
느티나무	청송 신기리 느티나무	경북 청송군 파천면 신기리	1968. 03. 09.	
느티나무	영풍 단촌리 느티나무	경북 영주시 안정면 단촌리	1982. 11. 09.	
느티나무	영풍 태장리 느티나무	경북 영주시 순흥면 태장리	1982. 11. 09.	
느티나무	안동 사신리 느티나무	경북 안동시 녹전면 사신리	1982. 11. 09.	
느티나무	양주 황방리 느티나무	경기 양주군 남면 황방리	1982. 11. 09.	
느티나무	원성 대안리 느티나무	강원 원주시 흥업면 대안리	1982. 11. 09.	
느티나무	김제 행촌리 느티나무	전북 김제시 봉남면 행촌리	1982. 11. 09.	
느티나무	남원 진기리 느티나무	전북 남원시 보절면 진기리	1982. 11. 09.	○
느티나무	영암 월곡리 느티나무	전남 영암군 군서면 월곡리	1982. 11. 09.	○
느티나무	담양 대치리 느티나무	전남 담양군 대전면 대치리	1982. 11. 09.	○
느티나무	괴산 오가리 느티나무	충북 괴산군 장연면 오가리	1996. 12. 30.	
느티나무	장수 봉덕리 느티나무	전북 장수군 천천면 봉덕리	1998. 12. 23.	
느티나무	함양 학사루 느티나무	경남 함양군 함양읍 운림리	1999. 04. 06.	
느티나무	장성 단전리 느티나무	전남 장성군 북하면 단전리	2007. 08. 09.	
느티나무	의령 세간리 현고수	경남 의령군 유곡면 세간리	2008. 03. 12.	
느티나무	대전 괴곡동 느티나무	대전 서구 괴곡동	2013. 07. 17.	
느티나무	부여 가림성 느티나무	충남 부여군 임천면 군사리	2021. 08. 09.	
향나무	울진 후정리 향나무	경북 울진군 울진읍 후정리	1964. 01. 31.	
향나무	창덕궁 향나무	서울 종로구 와룡동	1968. 03. 09.	○
향나무	남양주 양지리 향나무	경기 남양주시 진건면 양지리	1970. 12. 24.	

수종	지정 명칭	소재지	지정 일자	수록 여부
향나무	서울 선농단 향나무	서울 동대문구 제기2동	1972. 08. 02.	
향나무	울진 화성리 향나무	경북 울진군 울진읍 화성리	1982. 11. 09.	
향나무	청송 장전리 향나무	경북 청송군 안덕면 장전리	1982. 11. 09.	
향나무	연기 봉산동 향나무	세종 조치원읍 봉산동	1982. 11. 09.	
향나무	천안 양령리 향나무	충남 천안시 성환읍 양령리	2002. 12. 08.	
향나무	서산 송곡서원 향나무	충남 서산시 인지면 애정리	2018. 05. 03.	
향나무	울릉 대풍감 향나무 자생지	경북 울릉군 서면 태하리	1962. 12. 07.	
향나무	울릉 통구미 향나무 자생지	경북 울릉군 서면 남양리	1962. 12. 07.	
곱향나무	순천 송광사 천자암 쌍향수	전남 순천시 송광면 이읍리	1962. 12. 07.	○
뚝향나무	안동 주하리 뚝향나무	경북 안동시 와룡면 주하리	1982. 11. 09.	
이팝나무	순천 평중리 이팝나무	전남 순천시 승주읍 평중리	1962. 12. 07.	
이팝나무	고창 중산리 이팝나무	전북 고창군 대산면 중산리	1967. 02. 17.	○
이팝나무	김해 신천리 이팝나무	경남 김해시 한림면 신천리	1967. 07. 18.	
이팝나무	진안 평지리 이팝나무 군	전북 진안군 마령면 평지리	1968. 11. 25.	
이팝나무	양산 신전리 이팝나무	경남 양산시 상북면 신전리	1971. 09. 13.	
이팝나무	김해 천곡리 이팝나무	경남 김해시 주촌면 천곡리	1982. 11. 09.	○
이팝나무	광양읍수와 이팝나무	전남 광양시 광양읍 인동리	1971. 09. 13.	
이팝나무	포항 흥해향교 이팝나무 군락	경북 포항시 흥해읍 옥성리	2020. 12. 07.	
동백나무	나주 송죽리 금사정 동백나무	전남 나주시 왕곡면 송죽리	2009. 12. 30.	○
동백나무	강진 백련사 동백나무 숲	전남 강진군 도암면 만덕리	1962. 12. 07.	○
동백나무	고창 선운사 동백나무 숲	전북 고창군 아산면 삼인리	1967. 02. 17.	○
동백나무	광양 옥룡사지 동백나무 숲	전남 광양시 옥룡면 추산리	2007. 12. 17.	○
동백나무	서천 마량리 동백나무 숲	충남 서천군 서면 마량리	1965. 04. 07.	○
동백나무	옹진 대청도 동백나무 자생북한지	인천 옹진군 백련면 대청리	1962. 12. 07.	
동백나무	거제 학동리 동백나무 숲 및 팔색조 번식지	경남 거제시 동부면 학동리	1971. 09. 13.	
회화나무	인천 신현동 회화나무	인천 서구 신현동	1982. 11. 09.	
회화나무	당진 삼월리 회화나무	충남 당진군 송산면 삼월리	1982. 11. 09.	

수종	지정 명칭	소재지	지정 일자	수록 여부
회화나무	월성 육통리 회화나무	경북 경주시 안강읍 육통리	1982. 11. 09.	
회화나무	함안 영동리 회화나무	경남 함안군 칠북면 영동리	1982. 11. 09.	○
회화나무	창덕궁 회화나무 군	서울 종로구 와룡동	2006. 04. 06.	○
팽나무	예천 금남리 황목근	경북 예천군 용궁면 금남리	1998. 12. 23.	○
팽나무	고창 수동리 팽나무	전북 고창군 부안면 수동리	2008. 05. 01.	
팽나무	창원 북부리 팽나무	경남 창원시 대산면 북부리	2022. 10. 07.	○
팽나무	군산 하제마을 팽나무	전북 군산시 옥서면 선연리	2024. 10. 31.	○
팽나무	보성 전일리 팽나무 숲	전남 보성군 회천면 전일리	2007. 08. 09.	
팽나무, 개서어나무	무안 청천리 팽나무와 개서어나무 숲	전남 무안군 청계면 청천리	1962. 12. 07.	
왕버들	청송 관리 왕버들	경북 청송군 파천면 관리	1968. 03. 09.	
왕버들	김제 종덕리 왕버들	전북 김제시 봉남면 종덕리	1982. 11. 09.	○
왕버들	광주 충효동 왕버들군	광주 북구 충효동	2012. 10. 05.	
왕버들	성주 경산리 성밖숲	경북 성주군 성주읍 경산리	1999. 04. 06.	○
털왕버들	청도 덕촌리 털왕버들	경북 청도군 각북면 덕촌리	1982. 11. 09.	
굴참나무	울진 수산리 굴참나무	경북 울진군 근남면 수산리	1962. 12. 07.	
굴참나무	서울 신림동 굴참나무	서울 관악구 신림13동	1982. 11. 09.	
굴참나무	안동 대곡리 굴참나무	경북 안동시 임동면 대곡리	1982. 11. 09.	○
굴참나무	강릉 산계리 굴참나무 군	강원 강릉시 옥계면 산계리	2005. 07. 19.	
갈참나무	영풍 병산리 갈참나무	경북 영주시 단산면 병산리	1982. 11. 09.	
졸참나무	영양 송하리 졸참나무와 당숲	경북 영양군 수비면 송하리	2021. 11. 17.	
붉가시나무	함평 기각리 붉가시나무 자생북한지	전남 함평군 함평읍 기각리	1962. 12. 07.	○
비자나무	강진 삼인리 비자나무	전남 강진군 병영면 삼인리	1962. 12. 07.	○
비자나무	진도 상만리 비자나무	전남 진도군 임회면 상만리	1962. 12. 07.	
비자나무	사천 성내리 비자나무	경남 사천시 곤양면 성내리	1982. 11. 09.	
비자나무	고흥 금탑사 비자나무 숲	전남 고흥군 포두면 봉림리	1972. 08. 02.	
비자나무	해남 녹우단 비자나무 숲	전남 해남군 해남읍 연동리	1972. 08. 02.	

수종	지정 명칭	소재지	지정 일자	수록 여부
비자나무	제주 평대리 비자나무 숲	제주 제주시 구좌읍 평대리	1993. 08. 19.	
비자나무	화순 개천사 비자나무 숲	전남 화순군 춘양면 가동리	2007. 08. 09.	
비자나무	장성 백양사 비자나무 숲	전남 장성군 북하면 약수리	1962. 12. 07.	○
후박나무	진도 관매도 후박나무	전남 진도군 조도면 관매리	1968. 11. 25.	
후박나무	통영 추도 후박나무	경남 통영시 산양면 추도리	1984. 11. 19.	○
후박나무	장흥 삼산리 후박나무	전남 장흥군 관산읍 삼산리	2007. 08. 09.	○
후박나무	부안 격포리 후박나무 군락	전북 부안군 변산면 격포리	1962. 12. 07.	
생달나무, 후박나무	통영 우도 생달나무와 후박나무	경남 통영시 욕지면 연화리	1984. 11. 19.	○
왕후박나무	남해 창선도 왕후박나무	경남 남해군 창선면 대벽리	1982. 11. 09.	○
매실나무	강릉 오죽헌 율곡매	강원 강릉시 죽헌동	2007. 10. 08.	
매실나무	장성 백양사 고불매	전남 장성군 북하면 약수리	2007. 10. 08.	○
매실나무	순천 선암사 선암매	전남 순천시 승주읍 죽학리	2007. 11. 26.	○
매실나무	구례 화엄사 화엄매	전남 구례군 마산면 황전리	2024. 02. 19.	
산돌배나무	울진 쌍전리 산돌배나무	경북 울진군 서면 쌍전리	1999. 04. 06.	
산돌배나무	영양 무창리 산돌배나무	경북 영양군 영양읍 무창리	2010. 11. 22.	
청실배나무	진안 은수사 청실배나무	전북 진안군 마령면 동촌리	1997. 12. 30.	○
청실배나무	정읍 두월리 청실배나무	전북 정읍시 산내면 두월리	2008. 12. 11.	
감나무	의령 백곡리 감나무	경남 의령군 정곡면 백곡리	2008. 03. 12.	○
고욤나무	보은 용곡리 고욤나무	충북 보은군 회인면 용곡리	2010. 11. 22.	
고욤나무	강릉 현내리 고욤나무	강원 강릉시 옥계면 현내리	2018. 08. 29.	
탱자나무	강화 갑곶리 탱자나무	인천 강화군 강화읍 갑곶리	1962. 12. 07.	
탱자나무	강화 사기리 탱자나무	인천 강화군 화도면 사기리	1962. 12. 07.	
탱자나무	문경 장수황씨 종택 탱자나무	경북 문경시 산북면 대하리	2019. 12. 27.	○
탱자나무	부여 석성동헌 탱자나무	충남 부여군 석성면 석성리	2024. 10. 31.	

수종	지정 명칭	소재지	지정 일자	수록 여부
푸조나무	강진 사당리 푸조나무	전남 강진군 대구면 사당리	1962. 12. 07.	○
푸조나무	장흥 어산리 푸조나무	전남 장흥군 용산면 어산리	1982. 11. 09.	
푸조나무	부산 좌수영지 푸조나무	부산 수영구 수영동	1982. 11. 09.	
음나무	삼척 궁촌리 음나무	강원 삼척시 근덕면 궁촌리	1989. 09. 16.	
음나무	청주 공북리 음나무	충북 청원군 강외면 공북리	2017. 03. 03.	
음나무	창원 신방리 음나무 군	경남 창원시 동면 신방리	1964. 01. 31.	○
뽕나무	창덕궁 뽕나무	서울 종로구 와룡동	2006. 04. 06.	
뽕나무	상주 두곡리 뽕나무	경북 상주시 은척면 두곡리	2020. 02. 03.	
뽕나무	정선 봉양리 뽕나무	강원 정선군 정선읍 봉양리	2021. 12. 30.	
등	경주 오류리 등나무	경북 경주시 현곡면 오류리	1962. 12. 07.	
등	서울 삼청동 등나무	서울 종로구 삼청동	1976. 08. 10.	
등	부산 범어사 등나무 군락	부산 금정구 청룡동	1966. 01. 13.	○
망개나무	보은 속리산 망개나무	충북 보은군 속리산면 사내리	1968. 06. 27.	
망개나무	제원 송계리 망개나무	충북 제천시 한수면 송계리	1983. 08. 23	
망개나무	괴산 사담리 망개나무 자생지	충북 괴산군 청천면 사담리	1980. 10. 04	
물푸레나무	파주 무건리 물푸레나무	경기 파주시 적성면 무건리	1982. 11. 09.	
물푸레나무	화성 전곡리 물푸레나무	경기 화성시 서신면 전곡리	2006. 04. 04.	
단풍나무	정읍 내장산 단풍나무	전북 정읍시 내장동	2021. 08. 09	○
단풍나무	고창 문수사 단풍나무 숲	전북 고창군 고수면 은사리	2005. 09. 09.	
주목	정선 두위봉 주목	강원 정선군 사북면 사북리	2002. 06. 29.	
주목	소백산 주목 군락	충북 단양군 가곡면 어의곡리	1973. 06. 20.	
측백나무	서울 삼청동 측백나무	서울 종로구 삼청동	1976. 08. 10.	
측백나무	대구 도동 측백나무 숲	대구 동구 도동	1962. 12. 07.	
측백나무	단양 영천리 측백나무 숲	충북 단양군 매포읍 영천리	1962. 12. 07.	
측백나무	영양 감천리 측백나무 숲	경북 영양군 영양읍 감천리	1962. 12. 07.	
측백나무	안동 구리 측백나무 숲	경북 안동시 남후면 광음리	1975. 09. 27.	

수종	지정 명칭	소재지	지정 일자	수록 여부
무궁화	강릉 방동리 무궁화	강원 강릉시 사천면 방동리	2011. 01. 13,	○
전나무	진안 천황사 전나무	전북 진안군 정천면 갈용리	2008. 06. 16.	○
조각자나무	경주 독락당 조각자나무	경북 경주시 안강읍 옥산리	1962. 12. 07.	
배롱나무	부산 양정동 배롱나무	부산 부산진구 양정동	1965. 04. 07.	○
소태나무	안동 송사동 소태나무	경북 안동시 길안면 송사리	1966. 01. 13.	
다래나무	창덕궁 다래나무	서울 종로구 와룡동	1975. 09. 05.	
송악	고창 삼인리 송악	전북 고창군 아산면 삼인리	1991. 11. 27.	○
호두나무	천안 광덕사 호두나무	충남 천안시 광덕면 광덕리	1998. 12. 23.	○
개오동나무	청송 홍원리 개오동나무	경북 청송군 부남면 홍원리	1998. 12. 23.	
회양목	여주 효종대왕릉 회양목	경기 여주군 능서면 왕대리	2005. 04. 30.	○
황칠나무	완도 정자리 황칠나무	전남 완도군 보길면 정자리	2007. 08. 09.	
밤나무	평창 운교리 밤나무	강원 평창군 방림면 운교리	2008. 12. 11.	
소사나무	강화 참성단 소사나무	인천 강화군 화도면 문산리	2009. 09. 16.	
멀구슬나무	고창 교촌리 멀구슬나무	전북 고창군 고창읍 교촌리	2009. 09. 16.	○
개비자나무	화성 융릉 개비자나무	경기 화성시 안녕동	2009. 09. 16.	
모과나무	청주 연제리 모과나무	충북 청주시 오송읍 연제리	2011. 01. 13.	
호랑가시나무	나주 상방리 호랑가시나무	전남 나주시 공산면 상방리	2009. 12. 30.	
사철나무	독도 사철나무	경북 울릉군 울릉읍 독도리	2012. 10. 05.	
담팔수	제주 강정동 담팔수	제주 서귀포시 강정동	2013. 04. 26,	
담팔수	제주 천지연 담팔수 자생지	제주 서귀포시 서홍동	1964. 01. 31.	
올벚나무	구례 화엄사 올벚나무	전남 구례군 마산면 황전리	1962. 12. 07.	○
왕벚나무	제주 신례리 왕벚나무 자생지	제주 서귀포시 남원읍 신례리	1964. 01. 31.	
왕벚나무	제주 봉개동 왕벚나무 자생지	제주 제주시 봉개동	1964. 01. 31.	
왕벚나무	해남 대둔산 왕벚나무 자생지	전남 해남군 삼산면 구림리	1966. 01. 13.	○
미선나무	괴산 송덕리 미선나무 자생지	충북 괴산군 장연면 송덕리	1962. 12. 07.	
미선나무	괴산 추점리 미선마무 자생지	충북 괴산군 장연면 추점리	1970. 01. 09.	
미선나무	괴산 율지리 미선나무 자생지	충북 괴산군 칠성면 율지리	1970. 01. 09.	○
미선나무	영동 매천리 미선나무 자생지	충북 영동군 영동읍 매천리	1990. 08. 02.	
미선나무	부안 미선나무 자생지	전북 부안군 변산면 중계리	1992. 10. 26	

수종	지정 명칭	소재지	지정 일자	수록 여부
철쭉, 분취류	정선 반론산 철쭉나무 및 분취류 자생지	강원 정선군 북면 고양리, 여량리, 봉정리	1986. 04. 17.	
한란	제주의 한란	제주특별자치도 일원	1967. 07. 18.	
한란	제주 상효동 한란 자생지	제주 서귀포시 상효동	2002. 02. 02.	
팔손이	통영 비진도 팔손이나무 자생지	경남 통영시 한산면 비진리	1962. 12. 07.	○
산닥나무	남해 화방사 산닥나무 자생지	경남 남해군 고현면 대곡리	1962. 12. 07.	
녹나무	제주 도순리 녹나무 자생지	제주 서귀포시 도순동	1964. 01. 31.	
개느삼	양구 개느삼 자생지	강원 양구군 양구읍 한전리	1992. 11. 23.	
파초일엽	제주 삼도 파초일엽 자생지	제주 서귀포시 보목동	1962. 12. 07.	
문주란	제주 토끼섬 문주란 자생지	제주 제주시 구좌읍 하도리	1962. 12. 07.	
참식나무	영광 불갑사 참식나무 자생북한지	전남 영광군 불갑면 모악리	1962. 12. 07.	
구실잣밤나무	통영 욕지면 모밀잣밤나무 숲	경남 통영시 욕지면 동항리	1984. 11. 19	○
철쭉	가지산 철쭉나무 군락	밀양시, 울주군, 청도군 일원	2005. 08. 19.	
모감주나무	태안 안면도 모감주나무 군락	충남 태안군 안면면 승언리	1962. 12. 07.	
모감주나무	완도 대문리 모감주나무 군락	전남 완도군 군외면 대문리	2001. 05. 07.	
모감주나무 외	포항 발산리 모감주나무와 병아리꽃나무 군락지	경북 포항시 동해면 발산리	1992. 12. 23.	
가침박달	임실 덕천리 가침박달 군락	전북 임실군 관촌면 덕천리	1997. 12. 30.	
산개나리	임실 덕천리 산개나리 군락	전북 임실군 관촌면 덕천리	1997. 12. 30.	
굴거리나무	내장산 굴거리나무 군락	전북 정읍시 내장동	1962. 12. 07.	
호랑가시나무	부안 도청리 호랑가시나무 군락	전북 부안군 변산면 도청리	1962. 12. 07.	
꽝꽝나무	부안 중계리 꽝꽝나무 군락	전북 부안군 변산면 중계리	1962. 12. 07.	
줄사철나무	진안 마이산 줄사철나무 군락	전북 진안군 마령면 동촌리	1993. 08. 19.	○
대나무	담양 태목리 대나무 군락	전남 담양군 대전면 태목리	2020. 11. 09.	
선인장	제주 월령리 선인장 군락	제주 제주시 한림읍 월령리	2001. 09. 11.	○
복합 수종	제주 도련동 귤나무류	제주 제주시 도련1동	2011. 01. 13.	
복합 수종	함양 대송리 늪지식물	경남 함안군 법수면 대송리	1984. 11. 19.	
복합 수종	제주 산방산 암벽식물지대	제주 서귀포시 안덕면 사계리	1993. 08. 19.	
복합 수종	제주 물장오리 오름	제주 제주시 봉개동	2010. 10. 28.	

수종	지정 명칭	소재지	지정 일자	수록 여부
복합 수종	함평 향교리 느티나무, 팽나무, 개서어나무 숲	전남 함평군 대동면 향교리	1962. 12. 07.	
복합 수종	영양 주사골 시무나무와 비술나무 숲	경북 영양군 석보면 주남리	2007. 02. 21.	
복합 수종	울릉 태화동 섬개야광나무와 섬댕강나무 군락	경북 울릉군 서면 태화리	1962. 12. 07.	
복합 수종	울릉 도동 솔송나무, 섬잣나무 및 너도밤나무 군락	경북 울릉군 남면 도동리	1962. 12. 07.	
복합 수종	울릉 나리동 울릉국화와 섬백리향 군락	경북 울릉군 북면 나리	1962. 12. 07.	
복합 수종	삼척 갈전리 당숲	강원 삼척시 하장면 갈전리	1982. 11. 09.	
복합 수종	부산 구포동 당숲	부산 북구 구포동	1982. 11. 09.	
복합 수종	원성 성남리 성황림	강원 원주시 신림면 성남리	1962. 12. 07.	
복합 수종	영덕 도천리 도천숲	경북 영덕군 남정면 도천리	2009. 12. 30.	
복합 수종	의성 사촌리 가로숲	경북 의성군 점곡면 사촌리	1999. 04. 06.	
복합 수종	울릉 성인봉 원시림	경북 울릉군 북면 나리	1967. 07. 18.	
복합 수종	제주 납읍리 난대림	제주 제주시 애월읍 납읍리	1993. 08. 19.	
복합 수종	제주 천제연 난대림	제주 서귀포시 중문동	1993. 08. 19.	
복합 수종	제주 천지연 남대림	제주 서귀포시 서귀동	1993. 08. 19.	
복합 수종	완도 주도 상록수림	전남 완도군 완도읍 군내리	1962. 12. 07.	○
복합 수종	울주 목도 상록수림	울산 울주군 온산읍 방도리	1962. 12. 07.	
복합 수종	진도 쌍계사 상록수림	전남 진도군 의신면 사천리	1962. 12. 07.	
복합 수종	보령 외연도 상록수림	충남 보령시 오천면 외연도리	1962. 12. 07.	
복합 수종	강진 까막섬 상록수림	전남 강진군 마량면 마량리	1966. 01. 13.	○
복합 수종	고흥 외나로도 상록수림	전남 고흥군 봉래면 신금리	1989. 01. 14.	
복합 수종	제주 안덕계곡 상록수림	제주 서귀포시 안덕면 사계리	1993. 08. 19.	
복합 수종	남해 미조리 상록수림	경남 남해군 삼동면 미조리	1962. 12. 07.	
복합 수종	완도 예송리 상록수림	전남 완도군 보길면 예송리	1962. 12. 07.	○
복합 수종	완도 미라리 상록수림	전남 완도군 소안면 미라리	1983. 08. 23.	
복합 수종	완도 맹선리 상록수림	전남 완도군 소안면 맹선리	1983. 08. 23.	
복합 수종	남해 물건리 방조어부림	경남 남해군 삼동면 물건리	1962. 12. 07.	○
복합 수종	영천 자천리 오리장림	경북 영천시 화북면 자천리	1999. 04. 06	
복합 수종	담양 관방제림	전남 담양군 담양읍 객사리	1991. 11. 27.	○
복합 수종	함양 상림	경남 함양군 함양읍 운림리	1962. 12. 07.	○
복합 수종	청와대 노거수 군	서울 종로구 청와대로	2022. 10. 07